电子工艺技术实训基础教程

主　编　　徐长英　　江少锋
副主编　　余　磊　　龙盛蓉
参　编　　李华英　　赵　晟　　邓　骏　　邹　岚
　　　　　万　鹏　　冯小萍　　毛育青　　王　宏
主　审　　张树国

电子工业出版社
Publishing House of Electronics Industry
北京 · BEIJING

内 容 简 介

本书共分为四章，分别为安全用电常识、电子元器件的基本知识、电子产品焊接工艺实训、电子产品装配工艺实训。本书的内容深入浅出、图文并茂，兼具理论性与实践性，既强调基础知识的传授，又重视实践能力的培养。

本书既可作为高等院校电子工艺实习和工程训练等实践类教学课程的教材，也可作为相关从业人员的参考用书。

图书在版编目（CIP）数据

电子工艺技术实训基础教程 / 徐长英，江少锋主编.
北京 ：电子工业出版社, 2024. 7. -- ISBN 978-7-121
-48437-7

Ⅰ. TN

中国国家版本馆 CIP 数据核字第 2024TM7421 号

责任编辑： 张　豪
印　　刷： 中国电影出版社印刷厂
装　　订： 中国电影出版社印刷厂
出版发行： 电子工业出版社
　　　　　北京市海淀区万寿路 173 信箱　邮编：100036
开　　本： 787×1092　　1/16　印张：7.25　字数：176 千字
版　　次： 2024 年 7 月第 1 版
印　　次： 2024 年 7 月第 1 次印刷
定　　价： 26.00 元

凡所购买电子工业出版社图书有缺损问题，请向购买书店调换。若书店售缺，请与本社发行部联系，联系及邮购电话：（010）88254888，88258888。

质量投诉请发邮件至 zlts@phei.com.cn，盗版侵权举报请发邮件至 dbqq@phei.com.cn。

本书咨询联系方式：qiyuqin@phei.com.cn。

前　言

"电子工艺技术实训"课程是高等院校工科专业的重要课程之一，是工程训练的一部分。同时，该课程兼具工艺性和实践性，授课对象覆盖多个专业，存在明显的个体差异。

南昌航空大学工程训练中心电工电子实训部的多名教师基于多年的教学经验，认真总结电子工艺的重点知识，同时充分收集学生对相关课程的意见反馈，结合OBE（成果导向教育）的教学理念，在项目引领和"教学做"一体化的思想指导下，遵循"激—导—实—探"的原则，完成了对本书的编写。本书以小型电子产品的组装工艺、调试和检测为载体，通过理论教学及项目实践等环节来培养学生的相关能力，如正确选择和使用电子测量工具的能力，对工程实际产品或项目进行分析、总结，以及解决问题的能力。

本书具有以下特点。

（1）重点突出，实践性强。始终围绕电子技术人员需要掌握的基本技能实施教学。

（2）内容广泛，实用性强。本书既可以作为教学参考书，又可以作为实践指导资料，是电子实践基本技能培训、学习的入门指导，具有很强的实用性。

（3）项目教学，注重动手。将知识讲解融入实训项目，将电子工艺知识深入浅出地传授给学生，同时提高学生动手操作的能力。

（4）将价值塑造、能力培养、知识传授三位一体融入课程教学全过程。在知识传授的同时培养学生实践操作的安全意识、责任意识、纪律意识、创新意识，以及严谨的科学精神、工匠精神、团队合作精神。

（5）坚持以学生为中心，积极引导学生思考，使其加深对知识的理解与记忆，并让学生明白"为什么学""学了有什么用"。

本书既可作为高等院校电子工艺实习和工程训练等实践类教学课程的教材，也可作为相关从业人员的参考用书。

本书由徐长英、江少锋担任主编，张树国担任主审，参与编写工作的还有余磊、龙盛蓉、李华英、赵晟、邓骏、邹岚、万鹏、冯小萍、毛育青、王宏等。另外，诚挚感谢南昌航空大学工程训练中心的领导给予的大力支持与帮助，以及南昌航空大学给予的出版资助。在编写本书的过程中参考了大量文献，在此也向相关作者致以衷心的感谢。

因本书涉及内容广泛，编者水平有限，书中难免存在不妥和疏漏之处，敬请广大读者批评指正。

编者

2024 年 4 月

目　　录

第一章　安全用电常识

学习任务与要求

（1）掌握人体触电的相关知识。

（2）掌握电子工艺技术训练中的安全操作知识，具备相应的实践能力。

（3）熟练掌握触电急救的相关知识。

第一节　安全用电

电是现代物质文明的基础。随着科学技术的发展，电的应用范围越来越广泛，人们在生活、工作中对电的依赖也越来越强，因此安全用电成为每个人在生活和工作中的必备技能之一。分析电气事故、预防用电事故、保障人身和设备安全，是每一位从事电气行业的工作者必须掌握的基本技能。

一、电气安全用具

电气安全用具是电气工作人员在作业中防止触电、高空坠落、电弧烧伤等工伤事故，保障安全的各种安全用具，按作用可分为绝缘安全用具和一般防护安全用具。

（一）绝缘安全用具

1. 作用

绝缘安全用具起绝缘作用，防止工作人员在电气设备上工作或操作时发生直接触电。电气设备按电压等级可分为1000V以上的高压和1000V以下的低压两类。

2. 分类

按用途，绝缘安全用具可分为基本绝缘安全用具和辅助绝缘安全用具两类。

（1）基本绝缘安全用具是指绝缘强度能够长时间、可靠地承受电气设备运行电压，并能在出现过压时保证工作人员的人身安全，能直接用来操作电气设备的安全用具，可分为高压设备的基本绝缘安全用具和低压设备的基本绝缘安全用具。高压设备的基本绝缘安全用具有绝缘棒、绝缘夹钳和验电器等，如图1-1至图1-3所示。低压设备的基本绝缘安全用具有绝缘手套、装有绝缘柄的用具和低压验电笔（如图1-4所示）等。

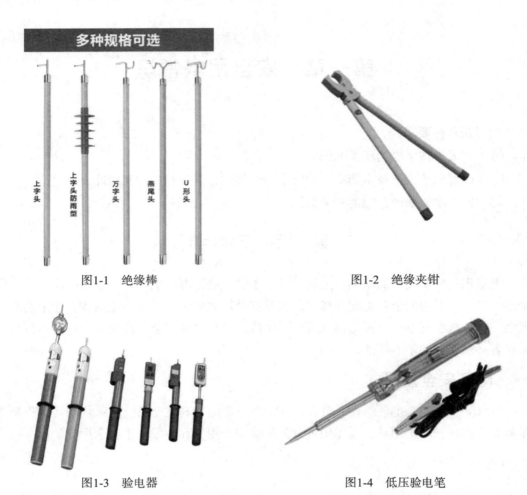

图1-1　绝缘棒　　　　　　　　　图1-2　绝缘夹钳

图1-3　验电器　　　　　　　　　图1-4　低压验电笔

（2）辅助绝缘安全用具是指绝缘强度不足以单独承受电气设备运行电压，只能加强基本绝缘安全用具的作用，用来防止接触电压、跨步电压、电弧烧伤等对工作人员的伤害。辅助绝缘安全用具有绝缘鞋、绝缘垫、绝缘台和绝缘毯等。

基本绝缘安全用具和辅助绝缘安全用具的划分是相对的，同一个安全用具在不同的情况下，充当着不同类型的安全用具。例如，在低压电气设备上工作时，绝缘手套、绝缘鞋、绝缘垫可作为基本绝缘安全用具；但是在高压情况下，绝缘手套、绝缘鞋、绝缘垫只能作为辅助绝缘安全用具。所以，电气工作人员必须根据作业场所、作业类型来正确地使用绝缘安全用具。

（二）一般防护安全用具

为了保证电气工作人员在作业中的安全和健康，除使用绝缘安全用具之外，还要使用一般防护安全用具，如安全带、安全帽（如图1-5、图1-6所示）、接地线、临时遮拦、标志牌、脚扣、梯子、工作服、专用手套、护目镜、安全照明灯具等。

图1-5 普通型安全帽   图1-6 多功能报警安全帽

二、触电对人体的危害

（一）触电危害

在发生触电事故时，人体受到的伤害分为电击和电伤两类。

1. 电击

电击是指电流流过人体内部，破坏心脏、肺部及神经系统的功能，造成人体内部组织的损坏乃至死亡，其对人体的危害是体内的、致命的。电击对人体的伤害程度与流过人体的电流大小、通电时间、电流途径及电流性质有关。人体触及带电导体、漏电设备的外壳等，都可能会受到电击伤害。事实上，绝大部分触电事故都是由电击造成的。

按照发生电击时电气设备的状态，电击可分为直接接触式电击和间接接触式电击。

直接接触式电击是指触及设备或线路正常运行时的带电体发生的电击，如误触接线端子发生的电击，也称正常状态下的电击。

间接接触式电击是指触及正常状态下不带电、当设备或线路发生故障时意外带电的导体而发生的电击，如触及漏电设备的外壳发生的电击，也称故障状态下的电击。

2. 电伤

电伤是指由于电流的热效应、化学效应、机械效应对人体造成的伤害，包括电烧伤、电烙印、皮肤金属化、机械损伤、电光眼等。电伤是由于发生触电而导致的人体外表创伤，它对人体的伤害一般是体表的、非致命的。

（1）电烧伤。由于电流的热效应而灼伤人体的皮肤、皮下组织、肌肉，甚至神经等，其表现形式为皮肤发红、起泡，组织烧焦、坏死等。电烧伤可以分为电流灼伤和电弧烧伤。

电流灼伤是指人体与带电体接触，电流流过人体由电能转换成热能造成的伤害，一般发生在低压设备或低压线路上。电弧烧伤是指由于弧光放电造成的伤害。高压电弧的烧伤比低压电弧严重，直流电弧的烧伤比工频交流电弧严重。

（2）电烙印。由于电流的机械效应、化学效应，造成人体触电部位的外部伤痕，如皮肤表面的肿块等。

（3）皮肤金属化。由于电流的化学效应，在电弧高温的作用下，金属熔化、汽化，金属微粒渗入皮肤，使皮肤粗糙而张紧。皮肤金属化多与电弧烧伤同时发生。

（4）机械损伤。当电流作用于人体时，由于中枢神经反射、肌肉强烈收缩、体内液体汽化等作用导致的机体组织断裂、骨折等伤害。

（5）电光眼。当发生弧光放电时，红外线、可见光、紫外线等对眼睛产生的伤害，表现为角膜炎、结膜炎等。

3. 影响触电危害程度的因素

触电对人体的危害程度与流过人体的电流大小、通电时间、电流途径、电流的性质及人体自身条件等因素有关。其中，流过人体的电流大小、通电时间是起决定作用的因素。

1）电击强度

电击强度是指流过人体的电流大小与通电时间的乘积。一定限度的电流不会对人体造成损伤。流过人体的电流越大，人体的生理反应越明显，感觉越强烈，致命的危险性就越大。电流对人体的影响如表1-1所示。

表 1-1　电流对人体的影响

电流（mA）	对人体的影响
<0.7mA	无感觉
1mA	有轻微的电击感
1～10mA	可引起肌肉收缩、神经麻木、刺痛感，但可自行摆脱
10～30mA	引起肌肉痉挛，失去自控能力；短时间无危险，长时间有危险
30～50mA	强烈痉挛，时间超过 60 秒即有生命危险
50～250mA	产生心室颤动，丧失知觉，严重危害生命
>250mA	短时间（1 秒以上）造成心脏骤停，体内造成电烧伤

电流流过人体的时间越长，越容易造成心室颤动，危险性就越大。

2）电流途径

当电流流过人体时，会严重干扰人体的正常生物电流。如果电流不经过人体的大脑、心脏等重要部位，除电击强度较大时会造成内部烧伤外，一般不会危及生命。电流流过心脏会引起心室颤动，较大的电流还会使心脏停止跳动。电流流过大脑，会造成脑细胞损伤，使人昏迷，甚至造成死亡。电流流过神经系统，会导致神经紊乱，破坏神经系统的正常工作。电流流过呼吸系统，可导致呼吸停止。电流流过脊髓，可造成人体瘫痪等。

因此，判断危险性，既要看电流的大小，又要看电流流过人体的途径。从手到手、从手到脚都是危险的电流途径，其中从左手到双脚的电流途径是最危险的，因为会流过心脏，而从脚到脚的电流途径危险较小。

3）电流的性质

按照性质来分，电流可以分为直流电、静电、交流电。不同性质的电流对人体的损伤也不同。直流电不易使心室颤动，人体忍受电流的电击强度要稍微高一些，一般会引起电伤。静电会随时间很快减弱，没有足够的电荷量，一般不会导致严重后果。交流电会导致电伤与电击同时发生，危险性大于直流电，特别是频率在40～100Hz的交流电对人体的危害性最大。值得注意的是，我们日常生活中使用的市电频率为50Hz，正处于这个危险的频段，因此应格外小心。但是，当交流电的频率达到20000Hz时，对人体的危害很小，用于理疗的一些仪器采用的就是这个频段。另外，电压越高，危险性越大。

4）人体自身条件

人体自身条件包括人体电阻、年龄、性别、皮肤完好程度及情绪等。人体电阻包括皮肤电阻和体内电阻，这个电阻值是不固定的，当皮肤干燥的时候，电阻值可达100kΩ以上；当皮肤潮湿的时候，电阻值可降到1kΩ以下。人体还是一个非线性电阻，随着电压升高，电阻值减小。不同的人体，对电流的敏感程度也不一样。一般来说，儿童较成年人更敏感，女性较男性更敏感。心脏病患者，触电后死亡的可能性更大。

（二）触电方式

我国规定的安全电压等级有12 V、24 V、36 V等，一般36 V以下的电压被称为安全电压。安全电压是基于人体皮肤干燥这个限定条件而言的。当人体出汗，又用湿手接触36V电压时，同样会受到电击，此时36V这个安全电压也不安全了。

人体是一个不确定的非线性电阻，电阻的大小因不同人体和不同环境等复杂因素存在巨大差异。如果未养成良好的用电习惯，则每个人都可能成为触电情况下的电流通路，造成身体受伤，甚至危及生命。

触电事故是指人体触及带电体，电流流过人体时，对人体产生的生理和病理的伤害。按照人体触及带电体的方式和电流流过人体的途径，人体触电的类型可以分为直接触电、间接触电和跨步电压引起的触电。直接触电又分为单相触电和双相触电。因此，常见的触电类型可分为单相触电、双相触电和跨步电压触电。

1. 单相触电

一般来说，我们在生活和工作中使用的都是380 V/220 V的三相四线制供电系统，线电压为380V，相电压为220V。单相触电是指当人体接触一根相线时发生的触电事故，如图1-7所示。

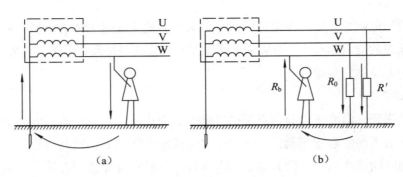

图1-7　单相触电示意图

单相触电又分为中性点接地和中性点不接地两种类型。

接触正常带电体时，中性点接地的单相触电如图1-7（a）所示。人站在地上时，接触相线，电流将从相线经人手进入人体，再从脚经大地和电源接地电极回到中性点，这时人体处于相电压下，危险较大。发生单相触电时，在湿脚着地等恶劣条件下，流过人体的电流为

$$I_b = \frac{U_P}{R_0 + R_b} = 219 \text{ mA} \gg 50 \text{ mA}$$

式中：U_P——电源相电压（220V）；

　　　R_0——接地电阻≤4Ω；

　　　R_b——人体电阻1000Ω。

此时流过人体的电流大大超过工频危险电流（50 mA）。当地面干燥，作业人员所穿鞋袜具有一定的绝缘作用时，触电的危险性可能减小，但千万不要因此对单相触电麻痹大意。事实上，在触电死亡事故中，大部分是单相触电事故。

接触正常带电体时，中性点不接地的单相触电如图1-7（b）所示。人体接触某一相时，流过人体的电流取决于人体电阻R_b与输电线对地绝缘电阻R'的大小。若输电线绝缘良好，绝缘电阻R'较大，则对人体的危害性就减小。但导线与地面之间的绝缘可能不良（R'较小），甚至有一相接地，这时人体中就有电流流过。

当电气设备内部绝缘损坏而与外壳接触时，其外壳也会带电，当人体触及带电设备的外壳时，相当于单相触电。大部分电击事故都是单相电击事故，单相电击的危险程度除与带电体电压、人体电阻、鞋和地面状态等因素有关外，还与人体离接地点的距离及配电网对地允许方式有关。一般情况下，接地电网中发生的单相触电比不接地电网中的危险性大。

2. 双相触电

双相触电是指人体两处同时触及两根相线，电流从一根相线经人体流入另一根相线而发生的触电事故，如图1-8所示。这种形式的触电，人体承受的电压是电源的线电压（380V），其危险性更大，产生的后果更严重。

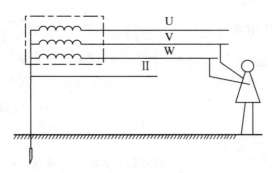

图1-8　双相触电示意图

在接触正常带电体发生双相触电时，这时人体处于线电压下，通过人体的电流为

$$I_\mathrm{b} = \frac{U_1}{R_\mathrm{b}} = \frac{380}{1000} = 0.38\ \mathrm{A} = 380\ \mathrm{mA} \gg 50\ \mathrm{mA}$$

双相触电的危险性大小主要取决于带电体之间的电压和人体电阻，它的危险性比单相触电大，漏电保护装置对两相电击是不起作用的。

3. 跨步电压触电

在电气设备发生接地故障时，电流会从接地点的四周流散，在接地点周围形成电位分布区，如图1-9所示。当人体进入电位分布区时，两脚之间承受跨步电压而导致触电事故的发生，离接地点越近，可能承受的跨步电压越大。

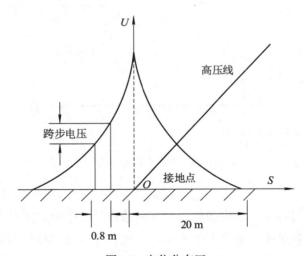

图1-9　电位分布区

跨步电压的大小与人体和接地点距离、两脚之间的跨距、接地电流大小、鞋和地面特征等因素有关。

若误入接地点附近，则应双脚并拢或单脚跳出危险区。

（三）安全防护措施

防止触电是安全用电的根本，相关工作人员必须认真学习安全用电知识，增强安全意识，遵守安全操作规程，消除人为危险因素，落实电气设备的安全防范措施，杜绝安全隐患。

1. 接地和接零

为了防止电气设备的金属外壳因内部绝缘损坏而意外带电，避免触电事故，所有电气设备及仪器的金属外壳、电源插座都应该安装保护接地或保护接零，并确保室内保护部位可靠接地或接零。

按其作用的不同，接地和接零可以分为工作接地、保护接地和保护接零。

（1）工作接地。

为保证电气设备（如变压器中性点、电压互感器中性点）正常工作而进行的接地措施称为工作接地。工作接地即将中性点接地，如图1-10所示。

电力系统和电气装置的中性点、电气设备的外露导电部分通过导体与大地相连称为接地。工作接地的目的包括降低触电电压、迅速切断故障、降低电气设备对地的绝缘水平，保证电力系统正常、稳定运行。

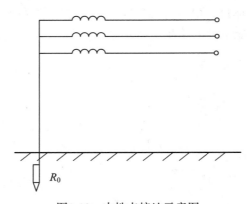

图1-10　中性点接地示意图

（2）保护接地。

电气设备在使用过程中，若设备绝缘损坏而造成外壳带电，此时人体触及外壳就有触电的可能。保护接地就是将正常情况下不带电，而在绝缘材料损坏后或其他情况下可能带电的外壳等金属部分（即与带电部分相绝缘的金属结构部分）用导线与接地体可靠连接起来的一种保护接线方式。在380V/220V低压系统中，接地电阻按规定不大于4Ω。

由于供电线与大地之间存在着绝缘电阻和对地电容，在未连接保护接地时，它们构成星接对称负载电路（电阻很大，一般为几十万Ω），电源中点电位与大地电位相等，正常情况下每根供电线对地的电压仍为220 V的相电压。

当电气设备外壳未装保护接地时,如图1-11所示。如果电气设备内部绝缘损坏发生一相碰壳时,由于外壳带电,当人体触及外壳时,接地电流I_e将经过人体入地后,再经其他两相对地绝缘电阻R'及分布电容C'回到电源。当R'值较小、C'值较大时,I_b将达到或超过危险值。

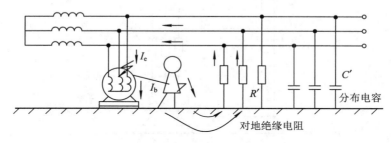

图1-11 电气设备外壳未装保护接地

当电气设备外壳装保护接地后,利用接地装置的分流作用来减少流过人体的电流,如图1-12所示。

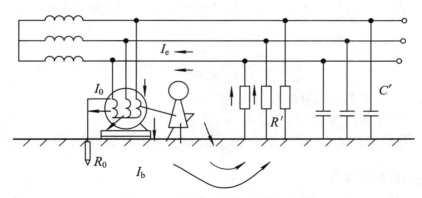

图1-12 电气设备外壳装保护接地后

流过人体的电流为

$$I_b = I_e \frac{R_0}{R_0 + R_b}$$

R_b与R_0并联,且$R_b \gg R_0$。

因此,有了保护接地后,漏电电气设备外壳对地电压很微小,流过人体的电流可减小到安全值以内。

(3)保护接零。

保护接零是指将电气设备本来不带电的外壳等金属部分与供电线路的保护零线(PE)连接起来,如图1-13所示。

采取保护接零措施后，如果电气设备内部绝缘损坏造成一相碰壳，则该相电源短路，由于中线的电阻小，所以短路电流很大，使电路中的熔丝烧断，切断电源，将故障设备从电源切除，从而消除触电危险，此种安全措施适用于系统中性点直接接地的低压电网。

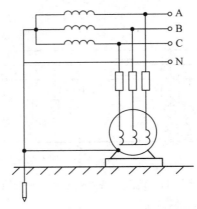

图1-13　不带电的金属部分与供电线路的保护零线相连接

注意，中性点接地系统不能采用保护接地，只能采用保护接零，且不允许保护接地和保护接零同时使用。保护接地和保护接零同时使用时，当A相绝缘损坏碰壳时，接地电流为

$$I_e = \frac{U}{R_0 + R_0'} = \frac{220}{4 + 4} = 27.5 \text{ A}$$

式中：R_0——保护接地电阻4 Ω；

$\quad\quad R_0'$——工作接地电阻4 Ω。

此电流不足以使大容量的保护装置动作，而使设备外壳长期带电，其对地电压为110 V。

2. 接地电阻的常识

电气设备的任何部分与接地体之间的连接称为接地。与土壤直接接触并用于与地之间连接的一个或几个金属导体称为接地体或接地极。电气设备的金属外壳与接地体之间用接地导线连接。

电气设备在运行时，为了防止设备的绝缘由于某种原因发生击穿和漏电，使电气设备的外壳带电危及人身安全，一般要求将设备的外壳进行接地。另外，为了防止雷电袭击，在高大建筑物或高压输电线上都装有避雷装置，而避雷线也要可靠地接地。接地是为了安全，如果接地电阻不符合要求，不但安全得不到保证，而且会造成一种安全的假象，埋下事故隐患。因此，接地不但要求安装可靠，而且安装以后要对其接地电阻进行测量，检查接地电阻是否符合规定的要求。

不同的电气设备对于接地电阻的要求也不同，现分述如下。

（1）有避雷线的高压架空配电线路，其接地装置在各种环境下的工频接地电阻值不应超过表1-2中所列的数值。

如果接地电阻很难降到30 Ω，则可采用6～8根总长度不超过500 m的放射形接地体或连续伸长接地体。

表 1-2　工频下的接地电阻

土壤电阻率（Ω·m）	工频下的接地电阻（Ω）
$\rho < 100$	10
$100 \leqslant \rho < 500$	15
$500 \leqslant \rho < 1000$	20
$1000 \leqslant \rho < 2000$	25
$\rho \geqslant 2000$	30

（2）总容量为100 kVA以上的变压器，其工作接地装置的接地电阻不应大于4 Ω，每个重复接地装置的接地电阻不应大于10 Ω。总容量为100 kVA及以下的变压器，其工作接地装置的接地电阻不应大于10 Ω，每个重复接地装置的接地电阻不应大于30 Ω，且重复接地不应少于3处。

（3）电压在1 kV及以上的电气设备对于大的接地短路电流系统，其接地装置的接地电阻应满足：

$$R_{\max} = \frac{2000 \text{ V}}{I(\text{A})}$$

在土壤电阻率较高的地区，接地电阻允许提高，但不应超过5 Ω。对于小的接地短路电流系统，其接地装置的接地电阻一般不应大于10 Ω。

（4）电压在1kV以下的电气设备的接地电阻要求，使用同一接地装置的所有这类电气设备，当总容量达到或超过100kVA时，其接地电阻不应大于4Ω。如总容量小于100kVA，则接地电阻允许大于4Ω，但不能超过10Ω。

接地电阻包括接地导线上的电阻、接地体本身的电阻、接地体与大地间的接触电阻和大地电阻。前两项电阻较小，测量接地电阻主要是后两项。接地电阻与接地体和大地的接触面积的大小，以及接触程度的好坏有关，还与大地的湿度有关。

第二节　电子工艺技术实训操作安全

一、安全用电

尽管电子工艺实训装接工作（以下简称"电子装接工作"）通常被称为"弱电"工作，但在实际工作中免不了接触"强电"。一般常用的电动工具（如电烙铁、电钻、电热风机等）、仪器设备和制作装置大部分需要接市电才能工作，因此安全用电是电子装接工作的首要关注点。要做到安全用电需要做到以下三点。

1. 增强安全用电意识

增强安全用电意识是安全的根本保证。任何制度、任何措施，都是由人来贯彻和执行的，忽视安全是最危险的隐患。

2. 保障基本安全措施

工作场所的基本安全措施是保证安全的物质基础。基本安全措施包括以下几个方面。

（1）对正常情况下带电的部分，一定要加绝缘防护，并且置于人不容易碰到的地方，如输电线、配电盘、电源板等。

（2）所有金属外壳的用电器及配电装置都应该设接地保护或接零保护。目前，大多数工作、生活用电系统采用的是接零保护。

（3）在所有使用市电的场所装设漏电保护器。

（4）随时检查所用电器的插头、电线，发现破损老化时要及时更换。

（5）手持电动工具应采用36V安全电压，特别危险的场所应采用12V。

（6）工作室或工作台上有便于操作的电源开关。

（7）从事电力电子技术工作时，工作台上应设置隔离变压器。

（8）调试、检测较大功率的电子装置时，工作人员不少于两名。

3. 养成安全操作习惯

安全操作习惯可以经过培养逐步形成，并使操作者终身受益。为了防止触电，应遵守的安全操作习惯如下。

（1）在任何情况下检修电路和电器都要确保断开电源，仅断开设备上的开关是不够的，还要拔下电源插头。

（2）不要用湿手去开关、插拔电器。

（3）遇到不明情况的电线，默认它是带电的。

（4）尽量单手操作电工作业。

（5）不在疲倦、带病的状态下从事电工作业。

（6）遇到较大体积的电容时要先进行放电，再进行检修。

（7）触及电路的任何金属部分之前都应进行安全测试。

在电子装接工作中，除了注意用电安全，还要防止机械损伤，相应的安全操作习惯有以下几点。

（1）用剪线钳剪断小导线时，要让导线飞出方向朝着工作台或空地，绝不可朝向人或设备。

（2）用螺丝刀拧紧螺丝时，另一只手不要握在螺丝刀刀口方向。

二、防止烫伤

烫伤在电子装接工作中是频繁发生的一种安全事故，这种烫伤尽管不会造成严重后果，但仍然会给操作者造成伤害。只要严格执行操作规范、注意操作安全，烫伤是完全可以避免的。造成烫伤的原因通常有以下3种。

1. 接触过热固体

（1）电烙铁和电热风枪使用不当，可能会造成烫伤。电烙铁是电子装接工作的必备工具，通常烙铁头的表面温度可达400~500℃，而人体所能耐受的温度一般不超过50℃。在操作中，电烙铁不使用时应放置在烙铁架中并置于工作台右前方。如果想知道电烙铁是否有热度，那么可采用烙铁头熔化松香的方法来观察，千万不要直接用手触摸烙铁头。

（2）操作不当时，电路中发热的电子元器件可能会造成烫伤，如变压器、功率器件、电阻、散热片等。特别是当电路发生故障时，有些发热的电子元器件表面可达几百摄氏度高温，如果操作不当，触及这些电子元器件则可能会造成烫伤。

2. 过热液体烫伤

电子装接工作中接触到的主要有熔化状态的焊锡及加热的溶液（如腐蚀印制电路板时加热腐蚀液）。如果操作不规范，则可能会造成烫伤。因此，在电工作业过程中应佩戴相应的防护用品，以免烫伤。

3. 电弧烫伤

电弧烫伤经常发生在电气设备操作过程中，如较大功率电器不通过启动装置而直接接到闸刀开关上，当操作者用手去断开闸刀时，由于电路感应电动势（特别是电感性负载，如电机、变压器等）在闸刀开关之间可产生数千甚至上万伏高电压，因此击穿空气而产生的强烈电弧容易烫伤操作者。电弧温度可达数千摄氏度，对人体损伤极为严重。

三、文明生产

文明生产是实现全面质量管理的重要条件。如果不重视文明生产，那么即使有先进的技术设备，也不能保证高质量的产品。文明生产，就是创造一种正规、清洁明亮、安全、井然有序、能稳定人心、符合最佳布局的良好环境，养成按标准秩序和良好工艺技术精心操作的习惯。

电子产品的生产对场地环境的要求比较高。一般应做到室内照明灯光充足而不耀眼；墙壁、地面、仪器设备等的颜色要适当，对人眼不刺激；场地应有排气通风设备，室内空气中的有害气体不能超标；室内的噪声不能超过85dB；严禁在场地内吸烟、喧哗打闹。

为保证文明生产，必须具备较好的现场管理。针对生产环境，起源于日本的5S现场管理法比较适用，已被许多企业采用和发扬。有些企业在此基础上提出了6S和7S，甚至10S。下面，对7S现场管理法进行说明。

7S现场管理法包括整理（Seiri）、整顿（Seiton）、清扫（Seiso）、清洁（Seiketsu）、素养（Shitsuke）、安全（Safety）、节约（Saving）。现场管理的目的是对生产现场中的人员、机器、材料、方法、环境进行充分而有效的科学管理，其基本思想是"物有其位，物在其位"。

（1）整理。整理是指将必需品与非必需品区分开。必需品摆在指定的位置上，有明确的标识；不要的物品坚决处理掉，在工作现场不放置必需品以外的物品，以免妨碍工作或有碍观瞻。这些被处理掉的物品可能包括原材料和辅材料、半成品和成品、仪器设备、工装夹具、管理文件、表册单据、无关的书报、个人物品等。

（2）整顿。整顿是指将整理好的物品明确地规划、定位并加以标示。这样，就可以做到快速、准确、安全地取用所需物品。其原则是"定位、定物、定量；易见、易取、易还"。

（3）清扫。清扫是指将工作场所、机械设备、材料、工具等上面的灰尘、污垢、碎屑、泥沙等脏污清扫、擦拭干净，创造一个洁净的环境。其原则是划分每个人应负责的清洁区域，并确定清扫频率。划分区域时必须界限清楚，不能留下无人负责的区域。

（4）清洁。清洁是指维持以上3S（整理、整顿、清扫），使之成为日常活动和习惯，即规范化、标准化，其原则是制定标准，定时检查。

（5）素养。素养是指培养全体员工良好的工作习惯、组织纪律和敬业精神。通过持续进行"整理、整顿、清扫、清洁"活动，逐步使每一位员工都养成自觉遵守规章制度、工作纪律的习惯，并营造一个具有良好氛围的工作场所。

（6）安全。安全是指清除隐患、排除险情，预防事故的发生。

（7）节约。节约是指对时间、空间、能源等方面进行合理利用，以发挥它们的最大效能，从而创造一个效率高、物尽其用的工作场所。

第三节　触电急救的基本知识

在日常生活中，经常会发生一些突发的意外事故，如电击、机械损伤、溺水等。当我们遇到这些情况时，千万不能紧张和慌乱，应该首先通过电话通知急救部门。在急救部门未到现场之前，我们应及时对伤者采取有效的急救措施。鉴于课程需要，下面对触电急救知识进行介绍。

发现有人触电时，不要惊慌，首先要考虑的是设法使触电者尽快脱离电源，然后根据触电者的具体情况采取相应的急救措施。

在帮助触电者脱离电源时，救护者首先要判明情况，做好自身防护；在帮助触电者脱离电源的同时要防止二次摔伤事故的发生；如果是夜间抢救，则要及时解决临时照明问题，以免延误抢救的最佳时机。

对于一般的低压触电，帮助触电者脱离电源的方法可用"拉""切""挑""拽""垫"这五个字来概括。

"拉"是指就近拉断电源开关、拔出插销或瓷插保险等。

"切"是指用带有可靠绝缘柄的电工钳、锹、刀、斧等工具切断电源。

"挑"是指如果导线搭落在触电者身上或压在触电者身下，则可用绝缘杆、干燥的木棒、竹竿等将导线挑开。

"拽"是指救护者戴上手套或在手上包缠干燥的衣物等绝缘物品拖曳触电者脱离电源。电源未切断前，拖曳时切勿触及触电者的体肤。救护者亦可站在干燥的木板、橡胶垫等绝缘物品上，用一只手帮助触电者脱离电源。

"垫"是指如果触电者由于痉挛导致手指紧握导线或导线缠绕在身上，而上述办法都不易实施时，救护者可先用干燥的木板塞进触电者身下，使其与地绝缘然后再设法切断电源。

触电者脱离电源后，首先要判断其有无意识。救护者轻拍或轻摇触电者的肩膀（注意不要用力过猛或摇头部，以免加重可能存在的外伤），并在耳旁大声呼叫。如无反应，则立即用手指掐压人中穴。当呼之不应，刺激也毫无反应时，可判定为意识已丧失。该判定过程应在5秒内完成。当触电者意识已丧失时，应立即呼救。让触电者仰卧在坚实的平面上，头部放平，颈部不能高于胸部，双臂平放在身体两侧，解开紧身上衣，松开裤带，取出假牙，清除口腔中的异物。若触电者面部朝下，应将头、肩、躯干作为一个整体同时翻转，不能扭曲，以免加重颈部可能存在的伤情。翻转方法：救护者跪在触电者肩旁，先把触电者的两只手举过头，拉直两腿，把一条腿放在另一条腿上。然后，一只手托住触电者的颈部，另一只手扶住触电者的肩部，全身同时翻转。

在保持气道开放的情况下，判定触电者有无呼吸的几种方法：用眼睛观察触电者的胸腹部有无起伏；用耳朵贴近触电者的口、鼻，聆听有无呼吸的声音；用脸或手贴近触电者的口、鼻，测试有无气体排出；用一张薄纸片放在触电者的口、鼻上，观察纸片是否动。若胸腹部无起伏、无呼吸声、无气体排出、纸片不动，则可判定触电者已停止呼吸。该判定应在3～5秒内完成。

上述的急救方法在遇到突发事件时非常重要，是急救的必备手段，大家应该及时学习并掌握。

在心脏骤停的极短时间内，首先应进行心前区叩击，连击2～3次，然后进行胸外心脏按压及口对口人工呼吸。

1. 胸外心脏按压法

双手交叉相叠用掌部有节律地按压心脏，在进行胸外心脏按压时，心脏在胸骨和脊柱之间挤压，使左右心室受压而泵出血液；放松迫后，心室舒张，血液回心。因此，胸外心脏按压的目的在于使血液流入主动脉和肺动脉，建立起有效循环。

胸外心脏按压法如图1-14所示。

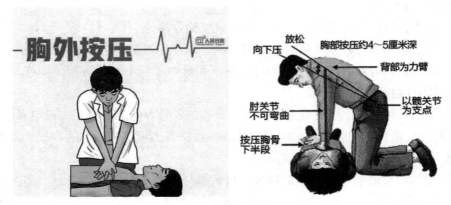

图1-14　胸外心脏按压法

（1）按压部位：胸骨中下1/3交界处的正中线上。

（2）按压方法：

① 救护者一手掌根部紧贴于胸部按压部位，另一手掌放在此手背上，两手平行重叠且手指交叉互握稍抬起，使手指脱离胸壁。

② 救护者双臂应绷直，双肩中点垂直于按压部位，利用上半身体重和肩、臂部肌肉力量垂直向下按压。

③ 按压应平稳、有规律地进行，不能间断，下压与向上放松时间相等；按压至最低点处，应有明显的停顿，不能采用冲击式的猛压或跳跃式按压；放松时定位的手掌根部不要离开胸部按压部位，但应尽量放松，使胸骨不受任何压力。

④ 按压频率为100～120次/分钟，按压与放松时间的比例以1：1为适宜。

⑤ 按压深度为成人至少5cm，5～13岁儿童3cm，婴、幼儿2cm。

　　每次按压后需要让胸部恢复到正常位置，胸廓充分回弹。回弹时手不要依靠在胸壁上，保障心脏有足够血液流出，救治过程尽可能持续到救护车的到来。

　　通常在进行胸外心脏按压的同时进行人工呼吸。

2．口对口人工呼吸法

　　做口对口人工呼吸时，救护者要先清除触电者口腔内的分泌物及假牙等异物，以保持触电者呼吸道的通畅。然后，捏紧触电者的鼻子，对准触电者的口部吹气，使其胸部隆起、肺部扩张。

图1-15　口对口人工呼吸法

　　判断触电者是否有呼吸，通常采取一看、二听、三感觉的办法。一看是指，看触电者胸部有无起伏。二听是指，听触电者有无呼吸的声音。三感觉是指，用脸颊接近触电者的口鼻，感觉有无呼出气流。

　　胸外心脏按压法必须与口对口人工呼吸法配合进行，每按心脏4～5次吹气1次，肺部充气时不可按压胸部。

　　相关实验研究和统计表明，如果在触电1分钟内开始抢救，则有90%的救活机会；如果在触电6分钟后开始抢救，则仅有10%的救活机会；如果在触电12分钟后开始抢救，则救活的可能性极小。因此，当发现有人触电时，应争分夺秒，采用一切可能的办法进行抢救。

思　考　题

1. 触电对人体的危害主要有几种？

2．什么是电击？什么是电伤？

3．对人体危害最大的交流电的频率范围是多少？

4．触电的形式及防范救护措施有哪些？

5．发生人员触电时该如何进行急救？

第二章 电子元器件的基本知识

学习任务与要求

（1）掌握常用电子元器件的认知及测量、测试方法。

（2）理解电阻、电容、三极管等常用电子元器件在电路中的作用。

（3）具备正确使用工具完成电子元器件性能测试的能力。

（4）具备将理论知识应用于实践的能力。

第一节 电阻的认知与测量

导体对电流的阻碍作用称为导体的电阻，具有一定电阻值的元器件称为电阻器，在日常生活中一般简称为电阻。

电阻是在电子电路中应用最多的元器件之一，通常起限流、分流、降压、分压、负载、阻抗匹配和阻容滤波等作用，选择合适的电阻就可以将电流限制在要求的范围内。

当电流流经电阻时，在电阻上产生一定的压降，利用电阻的分压作用使较高的电压适应各种电路的工作电压。

电阻用符号R来表示。电阻的基本单位是欧姆（Ω），在实际应用中，也常用千欧（$k\Omega$）、兆欧（$M\Omega$）、吉欧（$G\Omega$）等。

一、电阻的分类

1. 按结构分类

电阻按结构可分为固定电阻、可调电阻（电位器）和敏感电阻，如图2-1所示，其中固定电阻和可调电阻的电阻图形符号如图2-2所示。

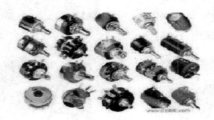
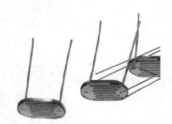

（a）固定电阻　　　　　（b）可调电阻（电位器）　　　　　（c）敏感电阻

图2-1　常用电阻

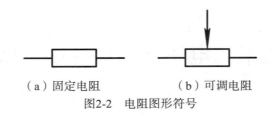

（a）固定电阻　　　　　（b）可调电阻

图2-2　电阻图形符号

（1）固定电阻。

固定电阻的阻值是固定不变的，阻值大小就是它的标称阻值。由于用途广泛，固定电阻的产品类型繁多，一般按照其组成材料和结构形式进行分类。不同类型的固定电阻既具有共同的电阻性能，又具有不同的特点。

（2）可调电阻。

可调电阻也叫可变电阻，主要是通过改变电阻接入电路的长度来改变电阻值的大小，以满足电路的需要。可调电阻的标称阻值是可以调整到的最大电阻值。理论上，可调电阻的阻值可以在0与标称阻值以内的任意值上调整，但因为实际结构与设计精度要求等原因，往往不容易100%达到"任意"要求。按照电阻值的大小、调节的范围、调节形式、制作工艺、制作材料、体积大小等，可调电阻可分为许多不同的型号和类型，如电子元器件可调电阻、瓷盘可调电阻、贴片可调电阻、线绕可调电阻等。由于结构和使用的原因，可调电阻的故障发生率明显高于固定电阻。因此，可调电阻通常用于小信号电路中，在电子管放大器等少数场合下也使用大信号可调电阻。

2. 按材料和工艺分类

电阻按材料和工艺可分为碳膜电阻、金属膜电阻、水泥电阻和线绕电阻等，如图2-3所示。

（a）碳膜电阻　　　　　　　　　（b）金属膜电阻

（c）水泥电阻　　　　　　　　　（d）线绕电阻

图2-3　不同材料和工艺的电阻

（1）碳膜电阻。

碳膜电阻是用有机黏合剂将碳墨、石墨和填充料配成悬浮液涂覆于绝缘基体瓷棒或瓷管上，经加热聚合而成。气态碳氢化合物在高温和真空中分解，碳沉积在瓷棒或瓷管上，形成一层结晶碳膜。改变碳膜厚度或用刻槽的方法改变碳膜的长度，可以得到不同的阻值。碳膜电阻的精度和稳定性一般，但其高频特性较好，受电压和频率影响较小，噪声电动势较小，脉冲负荷稳定，阻值范围较宽。因生产成本低、价格价廉，在消费类电子产品中被广泛应用。

（2）金属膜电阻。

金属膜电阻就是以特种金属或合金作为电阻材料，用真空蒸发或溅射工艺在陶瓷或玻璃基体上形成电阻膜层的电阻。真空蒸发就是在真空中加热合金使其蒸发后，在陶瓷或玻璃基体表面形成一层导电金属膜。金属膜电阻的制造工艺比较灵活，不仅可以调整它的材料成分和膜层厚度，还可以通过刻槽调整阻值，因而能制成性能良好、阻值范围较宽的电阻。

金属膜电阻的耐热性、温度系数、电压系数等电性能比碳膜电阻好。与碳膜电阻相比，金属膜电阻的体积小、噪声低、稳定性好，但成本稍高，因其精密和高稳定性的特点被广泛应用于各种电子设备中。

（3）线绕电阻。

线绕电阻是用康铜、锰铜或镍铬合金丝在陶瓷骨架上绕制而成的，表面有保护漆或玻璃釉。这种电阻的类型较多，一般可分固定电阻和可变电阻两种。它的优点是工作稳定、耐热性能好（可在150℃～300℃的环境中工作）、误差范围小、噪声小、可以承受很大的峰值功率，缺点是高频特性差。由于结构的原因，线绕电阻的分布电容和电感系数都比较大，因此不能应用于高频电路，通常在大功率电路中作降压或负载等用。

（4）水泥电阻。

水泥电阻是将康铜、锰铜、镍铬等合金材料电阻丝绕在无碱性耐热陶瓷骨架上，外面加上耐热、耐湿、耐腐蚀材料保护固定形成线绕电阻体，将其放入方形陶瓷材质框内，用特殊的不燃性耐热水泥充填密封而成。水泥电阻的特点有功率大、阻值小，具有良好的防爆性。

3. 其他电阻

片状电阻（也称贴片电阻）如图2-4所示。

图2-4　片状电阻

片状电阻是在高纯陶瓷（氧化铝）基板上采用丝网印刷金属化玻璃层的方法制成的，通过改变金属化玻璃的成分，可以得到不同的电阻值。为了保证可焊性，电阻的两端头采用了电镀镍锡层；同时，采用了保护介质对电阻层进行保护，保证正反面都可装贴。片状电阻的优点是体积小、质量小、电性能稳定、可靠性高、机械强度高、高频特性优越、装配成本低并与自动装贴设备匹配。因此，片状电阻在通信、医疗等领域得到了广泛应用。

二、电阻的主要参数

电阻的主要参数有标称阻值、阻值误差、额定功率、最高工作温度、最高工作电压、噪声、温度特性和高频特性等。下面主要对标称阻值、阻值误差和额定功率进行介绍。

1. 标称阻值

电阻上所标的阻值即为标称阻值，是根据国家制定的标准系列标注的。

2. 阻值误差（允许误差）

电阻的标称阻值，往往和它的实际阻值不完全相符。电阻的实际阻值与标称阻值之差除以标称阻值所得的百分数，称为阻值误差，公式如下：

阻值误差=（电阻的实际阻值−标称阻值）÷标称阻值

阻值误差越小，表明电阻的精度越高，由于制造技术的发展，电阻的阻值误差一般在±5%以内。

3. 额定功率

额定功率是指电阻在规定的环境中长期连续工作所允许消耗的最大功率，常见的有1/8W、1/4W、1/2W、1W、2W、5W等，额定功率越大，电阻的体积就越大。为保证安全工作，选择的电阻的额定功率要比其在电路中消耗的功率高2～3倍。

三、电阻常用的标注方法

1. 直标法

将电阻的主要参数和技术指标用数字或字母直接标注在电阻表面，如图2-5所示。该种标注方法一目了然，但只适用于体积较大的电阻。

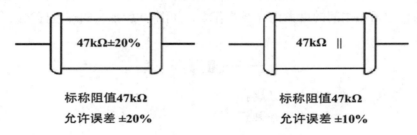

标称阻值47kΩ   标称阻值47kΩ

允许误差 ±20%   允许误差 ±10%

图2-5   直标法

2. 文字符号法

文字符号法是将电阻的主要参数用数字和文字符号有规律地组合起来印制在电阻表面的一种方法，如图2-6所示。

阻值单位符号	R	k	M	G	T
表示单位	欧姆(Ω)	千欧姆($10^3Ω$)	兆欧姆($10^6Ω$)	千兆欧姆($10^9Ω$)	兆兆欧姆($10^{12}Ω$)

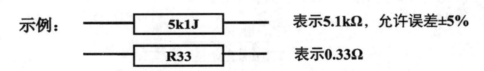

示例：   5k1J   表示5.1kΩ，允许误差±5%

           R33   表示0.33Ω

图2-6   文字符号法

3. 数码法

数码法是指在电阻上用3位数字表示其标称阻值的方法，前2位数字为阻值的有效数字，第3位数字表示有效数字后零的个数，如图2-7所示。数码法常见于表面贴片式电阻。

471   表示470Ω

105   表示1MΩ

图2-7   数码法

4．色标法

色标法指的是用不同颜色的色带或色点标示在电阻表面，以表示电阻的标称阻值和允许误差，常见的有四环色标法和五环色标法。

（1）四环色标法。

四环色标法的第一色环和第二色环分别表示阻值的第一和第二位有效数字。第三色环表示倍率即有效数字后乘10的n次方，从而构成最小阻值以Ω为单位的读数。第四色环表示实际阻值与标称阻值之间的最大允许误差等级，如图2-8所示。四环色标法的参数如表2-1所示。

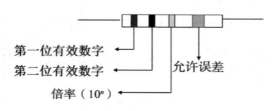

图2-8　四环色标法

表 2-1　四环色标法的参数

色别	棕	红	橙	黄	绿	蓝	紫	灰	白	黑	金	银	无色
第一位有效数字	1	2	3	4	5	6	7	8	9	0			
第二位有效数字	1	2	3	4	5	6	7	8	9	0			
倍率	10^1	10^2	10^3	10^4	10^5	10^6	10^7	10^8	10^9	10^0			
允许误差											$\pm 5\%$	$\pm 10\%$	$\pm 20\%$

图2-9所示电阻的阻值为10Ω，允许误差为$\pm 5\%$。

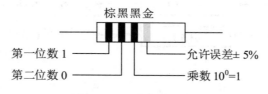

图2-9　四环色标法示例

（2）五环色标法。

五环色标法的前三色环分别表示阻值的三位有效数字，第四色环表示倍率即有效数字后乘10的n次方，第五色环表示实际阻值与标称阻值之间的最大允许误差等级。五环色标法的参数如表2-2所示。

表 2-2 五环色标法的参数

色别	棕	红	橙	黄	绿	蓝	紫	灰	白	黑	金	银
阻值	1	2	3	4	5	6	7	8	9	0		
倍率	10^1	10^2	10^3	10^4	10^5	10^6	10^7	10^8	10^9	10^0	10^{-1}	10^{-2}
允许误差（%）	±1	±2			±0.5	±0.2	±0.1				±5	±10

图2-10所示电阻的阻值为820 Ω，允许误差为 ±1%。

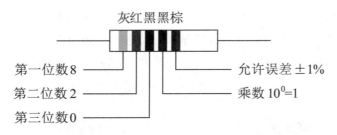

灰红黑黑棕

第一位数8 —— —— 允许误差±1%

第二位数2 —— —— 乘数 10^0=1

第三位数0 ——

图2-10 五环色标法示例

四、电阻的测量

电阻的测量方法分为直接测量法和间接测量法。直接测量法的常用工具有欧姆表、LCR数字电桥和万用表，如图2-11所示。

 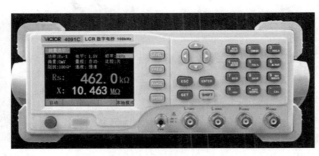 

（a）欧姆表　　　　　（b）LCR 数字电桥　　　　（c）万用表

图2-11 电阻常用的测量工具

1. 欧姆表

欧姆表是根据闭合电路的欧姆定律制成的，它能够直接测量电阻的阻值。

2. LCR 数字电桥

LCR数字电桥是使用了微处理器，能够测量电感、电容、电阻和阻抗的仪器，它的测量对象为阻抗元件的参数，包括交流电阻R、电感L及其品质因数，电容C及其损耗因数。因此，又常称数字电桥为数字式LCR测量仪。其测量用频率自工频到约100千赫。基本测量误差为0.02%，一般均在0.1%左右。

3. 万用表

万用表又称为复用表、多用表、三用表、繁用表等，是一种多用途电子测量仪表，一般以测量电压、电流和电阻为主要目的。万用表按显示方式可分为指针万用表和数字万用表。

（1）用指针万用表测量电阻值。

用指针万用表测量固定电阻的阻值，即是对独立的电阻元件进行测量，方法如图2-12所示。

指针万用表的电阻量程分为几档，其指针所指数值与量程数相乘即为被测电阻的实测阻值。例如，将指针万用表的量程开关拨至 $R \times 1\text{k}\Omega$ 档（也可记作 $\times 1\text{k}$ 档）时，把红、黑表笔进行短接，调整调零旋钮使指针指零，然后将表笔并联在被测电阻的两个引脚上，此时如果万用表指针指示在"7"上，则该电阻的阻值为 $7 \times 1\text{k}\Omega = 7\text{k}\Omega$。

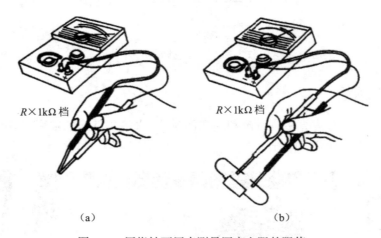

$R \times 1\text{k}\Omega$ 档 $R \times 1\text{k}\Omega$ 档

（a）   （b）

图2-12 用指针万用表测量固定电阻的阻值

在测量过程中，若万用表指针停在无穷大处静止不动，则有可能是所选量程太小，此时应把指针万用表的量程开关拨到更大的量程上，并重新调零后再进行测量。

若测量时万用表指针摆动幅度太小，则可继续加大量程，直到指针指示在表盘刻度的中间位置，即在全刻度起始的20%～80%弧度范围内时测量结果较为准确，此时读出阻值，测量即结束。

若测量过程中发现，在选择最高量程时，万用表指针仍停留在无穷大处不摆动，则表明被测电阻内部开路，不可再用。反之，在选择最低量程时，如果万用表指针指在零处，则说明被测电阻内部短路，也同样不可再用。

测量时，两只手不能同时接触电阻的两个引脚，因为两只手同时接触电阻的两个引脚，等于在被测电阻的两端并联了一个电阻（人体电阻），会影响测量的精准度。

（2）用数字万用表测量电阻值。

测量方法：

① 关闭电路电源。

② 将红表笔插入"VΩ"插孔，黑表笔插入"COM"插孔（注意：红色表笔极性为+）。

③ 将功能开关置于"Ω"档，量程开关旋转到合适档位，将两支表笔并联到被测电阻的两个引脚上。

④ 从显示屏上读取被测电阻值。

⑤ 测量结束后，应拔出表笔，将选择开关置于"OFF"档，收好数字万用表。

注意：

① 当输入开路时，会显示过量程状态，这时仅最高位显示"1"或"OL"。

② 当被测电阻值在1MΩ以上时，数字万用表需数秒后方能稳定读数，对于高电阻值测量这是正常的。

③ 检测在线电阻时，必须确认被测电路已关断电源，电容已放完电。

④ 测量高阻值电阻时应尽可能将电阻直接插入"VΩ"插孔和"COM"插孔中，因长线在高阻抗测量时容易感应干扰信号，使读数不稳。

（3）万用表测量电阻值的注意事项。

① 测量时手不能同时接触被测电阻的两根引线，以免人体电阻影响测量的准确性。

② 测量在电路上的电阻时，必须将电阻从电路中断开一端，以防止电路中的其他元件对测量结果产生不良的影响。测量电阻值时，应根据电阻值的大小选择合适的量程，否则将无法准确地读出数值。测量电阻值时，尽可能选择与阻值相接近的档位，以提高测量的精准度。

第二节　电容的认知与测量

电容器是电子设备中大量使用的电子元器件之一，简称电容，充电和放电是电容的基本功能，广泛应用于电路中的隔直通交、耦合、旁路、滤波、调谐、能量转换和控制等方面。

电容是在两个相互靠近的导体之间敷一层不导电的绝缘材料（介质）。简单来讲，电容是储存电荷的容器。与电阻不同的是，电容对电能无损耗，而电阻则是通过自身消耗电能来分配电能的。

电容用字母 C 表示，基本单位是法拉，简称法，以F表示。电容的常用单位是微法（μF）和皮法（pF）。

一、电容的分类

电容的分类方法有很多，种类也有很多。

1. 按结构分类

电容按结构可分为固定电容、可变电容、半可变电容，三者的电路符号如图2-13所示。

（a）固定电容　　　　　　　（b）可变电容　　　　　　　（c）半可变电容

图2-13　电容的电路符号

（1）固定电容就是电容量固定的电容。固定电容按极性可分为有极性电容和无极性电容，电路符号如图2-14所示。

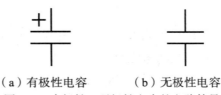

（a）有极性电容　　　　（b）无极性电容

图2-14　有极性、无极性电容的电路符号

有极性电容是由阳极的铝箔和阴极的电解液分别形成两个电极，由阳极铝箔上产生的一层氧化铝膜作为电介质的电容。

有极性电容正接的时候，氧化铝膜会由于电化反应而保持稳定；当有极性电容反接的时候，氧化铝膜会变薄，使电容容易被击穿损坏，所以有极性电容在电路中必须注意极性。普通的电容是无极性的，也可以把两个电解电容阳极或阴极相对串联形成无极性电解电容。

有极性电容通常在电源电路或中频、低频电路中起电源滤波、退耦、信号耦合，以及时间常数设定、隔直流等作用。有极性电容一般不能用于交流电源电路，在直流电源电路中作滤波电容使用时，其阳极（正极）应与电源电压的正极端相连接，阴极（负极）与电源电压的负极端相连接，不能接反，否则会损坏电容。

无极性电容就是没有正负极的电容，电容的容量较小，一般小于1uF，它的两个电极可以在电路中随意接入。无极性电容的体积小、价格低、高频特性好，主要应用在耦合，退耦、反馈、补偿、振荡等电路中，通常用于音箱分频器电路、电视机S校正电路及单相电动机的启动电路。

（2）可变电容是一种电容量可以在一定范围内调节的电容，一般由相互绝缘的两组极片组成，固定不动的一组极片称为定片，可动的一组极片称为动片，当改变极片之间相对的有效面积或极片之间的距离改变时，它的电容量就相应地变化。几只可变电容的动片可合装在同一转轴上，组成同轴可变的电容（俗称双联、三联等），通常在无线电接收电路中作调谐电容用。可变电容按其使用的介质材料可分为空气介质可变电容和固体介质可变电容，如图2-15和图2-16所示。

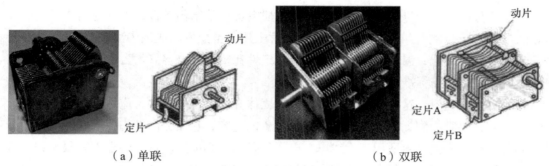

（a）单联　　　　　　　　　　　　　　　　　　（b）双联

图2-15　空气介质可变电容

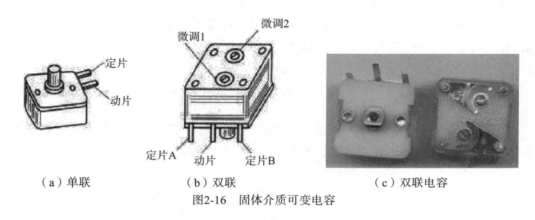

（a）单联　　　　　（b）双联　　　　　（c）双联电容

图2-16　固体介质可变电容

（3）半可变电容也叫微调电容，它由两片或两组小型金属弹片，中间夹着绝缘介质制成，在各种调谐及振荡电路中作为补偿电容或校正电容使用，依靠改变两片之间的距离或者面积来调节电容量。它的介质有空气、陶瓷、云母、薄膜等。半可变电容一般没有柄，只能用螺丝刀调节，因此常用在不需要经常调节的地方。

2．按介质材料分类

电容按介质材料可分为气体介质电容、液体介质电容（如油浸电容）、无机固体介质电容（如云母电容）、陶瓷电容、电解电容（由电解质的不同形式可分为液体式和固体式两种）。

3．按阳极材料分类

电容按阳极材料可分为铝电解电容、钽电解电容、铌电解电容。

4．按使用和制造电容的材料分类

（1）低频电容。低频电容主要用在低频电路中，如电解电容等。这类电容由于高频损耗大（对高频信号的能量损耗），所以不可用在高频电路中。

（2）高频电容。这类电容对高频信号损耗小，主要用在高频电路中，如高频陶瓷电容。

（3）云母电容。云母电容属于无机固体介质电容，就结构而言，可分为箔片式电容、被银式电容。被银式电容的电极是直接在云母片上用真空蒸发法或烧渗法镀上银层而成的，由于消除了空气间隙，温度系数大为下降，稳定性比箔片式电容好。云母电容广泛应用在高频电路中，可用作标准电容。

（4）玻璃釉电容。这种电容也是属于无机固体介质电容的一种，应用较广泛。

（5）陶瓷电容。陶瓷电容是介质材料为陶瓷的电容，它又分高频陶瓷电容和低频陶瓷电容两种，高频陶瓷电容适用于无线电、电子设备的高频电路。低频陶瓷电容限于用在低频电路中起旁路或隔直流作用，或用在对稳定性和损耗要求不高的场合（包括高频在内），不宜在脉冲电路中使用，因为它易于被脉冲电压击穿。

（6）电解电容。电解电容属于电解介质电容，它也有很多的种类，如有极性电解电容、无极性电解电容、铝电解电容、钽电解电容、铌电解电容等。目前，被广泛使用的是铝电解电容。

5. 其他电容

贴片电容全称为多层片式陶瓷电容，如图2-17所示，是目前用量比较大的元器件之一，特点是寿命长、耐高温、精确度高、滤高频谐波性能极好。

图2-17 贴片电容

二、电容的主要参数

电容的主要参数有标称容量、允许误差、额定电压、绝缘电阻、损耗和频率特性等。一般仅以标称容量和额定电压作为选择依据。

1. 标称容量和允许误差

电容量是指电容加上电压后存储电荷的能力。标称容量为标注在电容表面的电容量，是根据国家制定的标准系列标注的。电容的基本单位是法拉（F），但是这个单位太大，在实际标注中很少采用，常用单位是微法（μF）和皮法（pF）。

电容的实际容量与标称容量的偏差称误差，在允许的偏差范围称精度，一般电容常用Ⅰ、Ⅱ、Ⅲ级，电解电容用Ⅳ、Ⅴ、Ⅵ级表示容量精度，根据用途选取。

2. 额定电压

额定电压是电容在规定的工作温度范围内，长期、可靠地工作所能承受的最大直流电压有效值，一般直接标注在电容表面。如果工作电压超过电容的额定电压，那么电容可能会被击穿，造成损坏。如果电容用于交流电路中，那么必须保证电容的额定电压不低于交流电压的峰值电压。

3. 绝缘电阻

直流电压加在电容上，并产生漏电电流，两者之比称为绝缘电阻。电容的绝缘电阻与电容的介质材料、面积、制造工艺、温度和湿度有关。一般来说，绝缘电阻越大，漏电电流就越小。另外，电解电容的绝缘电阻一般较小。

4. 损耗

电容在电场作用下，在单位时间内因发热所消耗的能量叫损耗。各类电容都规定了其在某频率范围内的损耗允许值，电容的损耗主要是由介质损耗、电导损耗和电容金属部分的电阻所引起的。

在直流电场的作用下，电容的损耗以漏导损耗的形式存在，一般较小。在交变电场的作用下，电容的损耗不仅与漏导有关，还与周期性的极化建立过程有关。

5. 频率特性

频率特性是指电容的电参数随电场频率而变化的性质。在高频条件下工作的电容，由于介电常数在高频时比低频时小，电容量也相对减小。随着频率的上升，一般电容的电容量呈现下降的规律。

三、电容常用的标注方法

电容的标注方法主要有直标法、数码法、字母表示法和色标法。

1. 直标法

直标法通常是将电容的电容量、额定电压直接标注在电容表面，如图2-18所示，该电容的电容量为22μF，额定电压为400V。

负极

图2-18　直标法示例

电容量在10000pF以上用微法（μF）做单位，如100μF；电容量在10000pF以下用皮法（pF）做单位，如6800pF。pF为电容量最小的标注单位，在电路图上可直接标注数值而不写单位。有些电容量标注值中的小数点用R表示，如R56μF表示0.56μF。

2．数码法

数码法是指用三位数字表示电容量的大小，单位为pF。前两位数字表示电容量的有效数字；第三位数字表示倍率（表示有效数字后面0的个数），如第三位数字为1～8，则分别表示10^1～10^8；如第三位数字为9，则表示10^{-1}。示例如下：

$222=22 \times 10^2=2200pF$

$229=22 \times 10^{-1}=2.2pF$

电容量小于100pF的电容，一般会直接标注在电容外壳上，如一个陶瓷电容外壳上面标注30，则代表该电容的电容量为30pF，如图2-19所示。

图2-19　数码法示例

3．字母表示法

使用的标注字母有4个，其含义如下所示。

p表示pF，即10^{-12}F。

n表示nF，即10^{-9}F。

μ表示μF，即10^{-6}F。

m表示mF，即10^{-3}F。

用2～4个数字和一个字母表示电容量，字母前为电容量的整数，字母后为电容量的小数。例如，"4n7"表示4.7nF=4700pF，"1p5"表示1.5pF，"1m5"表示1.5mF。

4．色标法

电容的色标法的色环一般由三种颜色组成，前两环为有效数字，第三环为倍率。颜色涂于电容的一端或从顶端向引脚侧排列，颜色的参数与电阻的基本上相同，电容量单位是pF。

四、电容的测量与测试

1．用指针万用表测量、测试电容

电容是能储存正、负电荷的容器，它由两个相互靠近的平板导体，中间夹着一层不导电的绝缘介质组成。或者说，凡是绝缘物质隔开的两个导体的组合，便构成了一个电容。

因此，从广义角度来看，在很多地方都存在着电容。

（1）测试电容值为μF级的电容。

电容值为μF级的电容，包括电容量为0.022～3300μF的电容，用指针万用表对其进行测试的方法如图2-20所示。

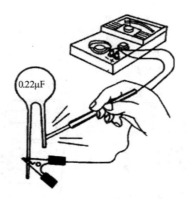

图2-20　指针万用表对电容的测试

在测试前，应根据被测电容容量的大小，将指针万用表的量程开关拨至合适的档位。由于此时指针万用表既是电容的充电电源（表内电池），又是电容充放电的监视器，所以操作起来极为方便。为了便于操作，将黑表笔与电容的一个引脚接触，其另一个引脚与红表笔接触时，万用表指针先向右边偏转一定角度（表内电池对电容充电），然后很快向左边返回到"∞"处，表示对电容充电完毕。

对于小容量电容而言，因为其容量小，所以充电电流也很小，乃至还未观察到万用表指针的摆动便回到"∞"处。这时，可将红、黑表笔交换一下，再接触电容引脚时，指针仍向右摆动一下后复原，但这一次向右摆动的幅度应比前一次大。这是因为电容上已经充电，交换表笔后便改变了充电电源的极性，电容要先放电后再进行充电，所以万用表指针偏转角度较前次大。如果测试的是大容量电解电容，在交换表笔进行再次测量之前，须把电解电容的两个引脚短接一下，放掉前一次测试中被充上的电荷，以避免因放电电流太大而致使万用表指针打弯。

（2）测试电容的性能。

对于小容量电容而言，其性能可从5个方面来考察，如图2-21所示。

① 万用表指针摆动一下后，很快返回"∞"处，这说明该电容性能正常，如图2-21（a）所示。

② 万用表指针摆动一下后不返回"∞"处，而是指在某一阻值上，则说明这只电容漏电，这个阻值就是该电容的漏电电阻的阻值，这样的电容容量会下降。正常的小容量电容的漏电电阻的阻值很大，约为几十至几百MΩ。当漏电电阻的阻值小于几MΩ时，该电容就不能再使用了。

③ 接好指针万用表的表笔，但指针不摆动，仍停留在"∞"处，则说明此电容内部

开路。但容量小于5000 pF的小容量电容则是由于充放电不明显所致的，不能视为内部开路。

④ 万用表指针摆动到刻度中间某一位置停止，交换表笔再测时指针仍指在这一位置，如同是在测量一只电阻，则说明该电容已经失效，不可再用，如图2-21（b）所示。

⑤ 万用表指针摆动到"0"处不返回，如图2-21（c）所示，则说明该电容已击穿短路，不能再使用。

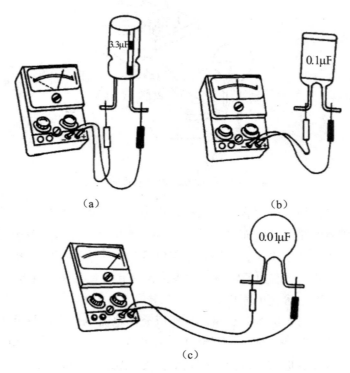

（a）　　　　　　　　　　　　　（b）

（c）

图2-21　指针万用表测试小容量电容的性能

（3）判断电解电容的极性。

电解电容的内部结构如图2-22（a）所示，它的介质是一层极薄的附着在金属极板上的氧化膜。氧化膜如同半导体二极管一样，具有单向导电性，因此在将电解电容接入电路使用时，应将它的正极引线接高电位，负极引线接低电位。这相当于在电容上施加一个反向电压，使其漏电电流小，而漏电电阻大。反之，若将电解电容的正极引线接低电位，负极引线接高电位，则会使它的漏电电流大，漏电电阻小，这样会导致电解电容在使用中过热，从而击穿漏液，甚至发生爆炸。

为了防止在使用中接错极性，通常在电解电容的引脚旁标明正极（＋）、负极（－）。当"＋""－"极性标志模糊不清时，可根据电解电容正向漏电电阻大于反向漏电电阻的特点，用指针万用表的电阻档进行判断，方法如图2-22（b）和图2-22（c）所示。

首先，任意测一下电解电容的漏电阻值，记下其大小，然后将电解电容的两个引脚相碰短路放电后，再交换表笔进行测量，读出漏电阻值，比较两次测出的漏电阻值，以阻值较大的那一次为准；黑表笔所接的引脚为电解电容的正极，红表笔所接的引脚则为其负极。

如果通过两次测量比较不出漏电阻值的大小，可通过多次测量来判断被测电解电容的极性。但是，当指针万用表的电阻档量程档位选得太低，两个阻值较大且互相接近时，必须更换到量程较大的档位进行测量。

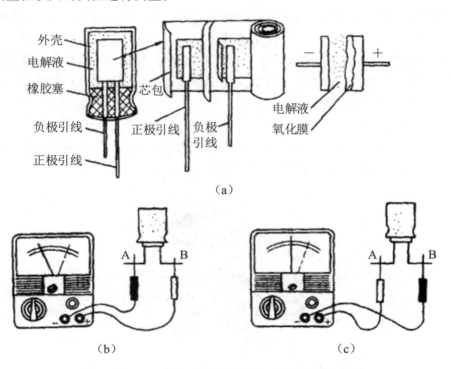

（a）

图2-22　指针万用表判断电解电容的极性

（4）测试电容漏电情况。

电容漏电是绝对的，不漏电是相对的。当漏电太大，发生击穿短路时，电容就不能再用了，所以电容漏电越少越好，也就是漏电电阻（也叫绝缘电阻）的阻值越大越好。用指针万用表测试电容漏电情况如图2-23所示。

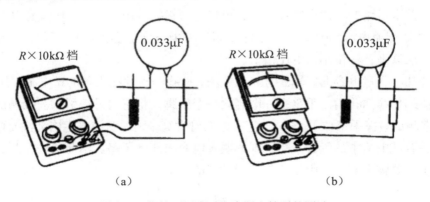

（a）　　　　　　　　　　　　　　（b）

图2-23　指针万用表对电容漏电情况的测试

这种测试要选用指针万用表的$R \times 10 k\Omega$档，测试前必须调零。若其指针先向右摆动，而后逐步返回到"∞"处，则说明该电容的漏电电阻的阻值很小，如图2-23（a）所示。若指针回不到"∞"处，而是指示在表盘中的某一电阻值处，则说明该电容的漏电电阻较大，这个阻值为该电容漏电电阻的阻值，如图2-23（b）所示。

一般来说，电容的漏电电阻的阻值如果小于几$M\Omega$时，则可认为该电容漏电严重，不能使用。

如果被测电容的容量在5000 pF以上，指针万用表置于$R \times 10 k\Omega$档测试时，指针不摆动，则说明该电容的内部已开路。若被测电容是电解电容，则说明其内部的电解液（又叫电解质）已干涸，也是不能使用的。

（5）巧判瓷片电容。

对于容量较小的瓷片电容，一般要用专用仪器进行测试。在没有专用仪器的情况下，可采用如图2-24所示的方法用指针万用表来判断它的好坏。

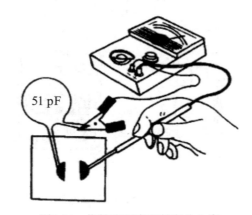

图2-24　指针万用表巧判瓷片电容

首先判断瓷片电容是否短路，方法是用指针万用表的$R \times 1 k\Omega$档测出其直流电阻值。若电容两个引脚之间的阻值为无穷大（即∞），或在几百$k\Omega$以上，则说明该电容内部未短路；若阻值很小（几Ω～几$k\Omega$），则说明该电容的内部已短路，不能使用了。

对于内部未短路的瓷片小容量电容，可将它与指针万用表串联（将量程开关拨到交流电压250 V档或交流电压500 V档），然后插入市电插座。当电容正常时，万用表指针有指示：容量大，电压值高；容量小，电压值低。

判断瓷片小容量电容的好坏还有一种方法，即找一支性能正常的试电笔，插入220V交流电源插座的相线插孔内。手拿瓷片电容的一个引脚，将它的另一引脚去接触试电笔的尾部（即正常测试时握手部位），若试电笔中的氖管发亮，则说明该电容内部没有断路，而且性能良好；若试电笔中的氖管不亮，则说明该电容内部已断路。用此法进行测试时，拿电容引脚的手不要戴手套，否则氖管是不会发亮的。

（6）巧判差容式双联电容。

差容式双联，俗称差容双联，它是一种适用于超外差式收音机使用的双联可变电容。它在任何旋转角度，两联的电容量始终有一定的差额。

差容式双联电容可分为空气差容双联电容、固体介质差容双联电容，外形如图2-25所示，其中图2-25（a）是空气差容双联电容，图2-25（b）是固体介质差容双联电容。在收音机电路中，通常将差容式双联电容中最大容量的那一联接入输入回路，而将最小容量的那一联接入本振回路。

差容式双联电容的电容量较小，因此很难用指针万用表来测量其电容值。本例介绍的方法主要是判断差容式双联电容的动片与定片之间有无短路及引出片是否接触良好。

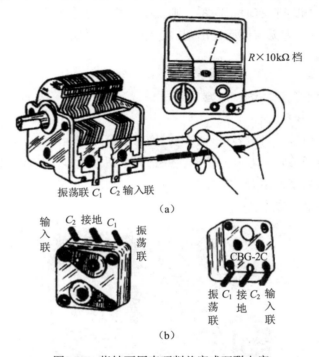

图2-25　指针万用表巧判差容式双联电容

将指针万用表的量程开关拨至 $R \times 10\mathrm{k}\Omega$ 档，两表笔分别与差容式双联电容的定片和动片相连（空气差容双联电容的外壳为动片，振荡联片、输入联片为静片；固体介质差容双联电容的接地片为动片，振荡联片、输入联片为静片），看万用表指针是否摆动。如无摆动，再来回旋转转轴，看指针是否仍停在"∞"处不动。若指针静止不动，则表明电容是正常的。若指针偏向"0"或偏向中间某一阻值，则说明被测电容联已有碰片短路或已受潮（产生阻值），应及时进行修复或更换。

此外，还需测出动片、定片与各自的引出片之间的阻值。此时将指针万用表的量程开关拨至 $R \times 1\Omega$ 档，看是否因松动导致接触不良。正常时接触电阻应近似为零，如果万用表指针有跳动、抖动现象，则应及时修理。

（7）可变电容的检测。

可变电容的故障主要有转轴松动、动片与定片之间的相碰短路。对于可变电容的检测可从以下三个方面入手。

① 用手轻轻旋动转轴，应感觉十分平滑，不应感觉有时松时紧甚至卡滞现象。将转轴向前、后、上、下、左、右等各个方向推动时，转轴不应有松动的现象。

② 用一只手旋动转轴，另一只手轻摸动片组的外缘，不应感觉有任何松脱现象。转轴与动片之间接触不良的可变电容，是不能再继续使用的。

③ 将指针万用表置于 $R \times 10\text{k}\Omega$ 档，一只手将两个表笔分别接可变电容的动片和定片的引出端，另一只手将转轴缓缓旋动几个来回，万用表指针都应在无穷大位置不动。在旋动转轴的过程中，如果指针有时指向零，则说明动片和定片之间存在短路点；如果碰到某一角度，万用表读数不为无穷大而是出现一定阻值，则说明可变电容的动片与定片之间存在漏电现象。

2. 用数字万用表测量、测试电容

（1）测量电容的电容值。

① 将电容两端短接，对电容进行放电，确保数字万用表的安全。

② 将功能旋转开关转至电容测量档，并选择合适的量程，如图2-26所示。

③ 将电容插入数字万用表C-X插孔。

④ 读出显示屏上的数字。

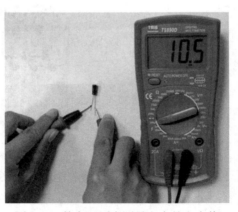

图2-26　数字万用表测量电容的电容值

（2）测试电容的好坏。

① 把数字万用表调到电阻档适当档位，档位选择的原则：1μF以下的电容用20kΩ档，1～100μF的电容用2kΩ档，大于100μF的电容用200Ω档。

② 然后用数字万用表的红表笔接电容的正极，黑表笔接电容的负极。如果显示屏显示的值从0慢慢增加，最后显示溢出符号1，则说明电容正常；如果始终显示0，则说明电容内部短路；如果始终显示1，则说明电容内部断路。

第三节　电感的认知与测量

电感器也叫电感线圈，简称电感，是用漆包线在绝缘骨架上单层或多层绕制而成的一种电子元器件，它的作用是把电能转化为磁能并存储起来。电感在有直流电通过时，其周围会产生磁场；当有交流电通过时，不仅会产生磁场，而且线圈还具有感抗（XL）的性质，如同电阻一样对交变电流有阻碍作用，在调谐、振荡、耦合、匹配、滤波、延时等电路中都是必不可少的。

电感量也称自感系数，是表示电感产生自感应能力的一个物理量，可用字母L表示。电感量的基本单位是亨利（H），常用的单位还有毫亨（mH）和微亨（μH），它们之间的关系：1H=1000mH；1mH=1000μH。

电感的电路符号及外形如图2-27所示。

（1）图2-27（a）所示的是没有铁芯或磁芯的电感，也可以用来表示扼流圈。

（2）图2-27（b）所示的是有铁芯或磁芯的电感。

（3）图2-27（c）所示的是可变电感，它的磁芯位置可以调节，从而改变电感量的大小。

（4）图2-27（d）所示的是有一个抽头的电感。

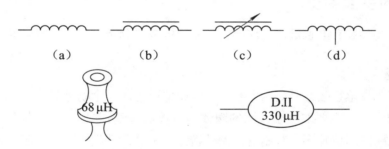

图2-27　电感的电路符号及外形

一、电感的分类

1. 按形状分类
按形状，电感可分为线绕电感和平面电感。

2. 按工作特性分类
按工作特性，电感可分为固定电感和可变电感。

3. 按功能分类
按功能，电感可分为振荡电感、扼流电感、耦合电感、校正电感、偏转电感。

4．按结构分类

按结构，电感可分为空芯电感、磁芯电感、铁芯电感。

5．按频率范围分类

按频率范围，电感可分为高频电感、中频电感和低频电感等。

下面对几个常用的电感进行介绍。

（1）固定电感。具有固定电感量的电感称为固定电感，它具有体积小、质量小、结构牢固、使用安装方便等优点，主要用在滤波、振荡、陷波和延迟等电路中。

（2）可变电感。可变电感是将磁芯装在骨架的螺纹孔内，并使磁芯位置可调节。调节磁芯位置可微调电感量。可变电感主要用在LC谐振回路中，改变电感量便可改变谐振频率。

（3）单层电感。单层电感是用漆包线在线圈骨架上绕一层制作而成的。这种电感的电感量小，通常用在高频电路中，要求它的骨架具有良好的高频特性，介质损耗小。

（4）多层电感。多层电感是用漆包线在线圈骨架上绕多层制作而成的，多层线圈可以增大电感量。

（5）带磁芯的电感。将线圈绕在磁芯上，电感量和品质因数都能提高。当采用高频特性好的磁芯时，可改变线圈的高频特性。例如，收音机中的磁棒天线采用的便是这种电感。

二、电感的主要参数

电感的主要参数有电感量、允许误差、品质因数、分布电容、额定电流。

1．电感量

电感量也称自感系数，是表示电感产生自感应能力的一个物理量。

电感量的大小，主要取决于线圈的圈数（匝数）、绕制方式、有无磁芯及磁芯的材料等。通常，线圈的圈数越多、绕制的线圈越密集，电感量就越大。有磁芯的线圈比无磁芯的线圈电感量大；磁芯的磁导率越大的线圈，电感量也就越大。

2．允许误差

允许误差是指电感上标称的电感量与实际电感量的允许误差值。

一般用于振荡、滤波等电路中的电感精度要求较高，允许误差为 $\pm 0.2\% \sim \pm 0.5\%$；而用于耦合、高频阻流等电路中的电感的精度要求不高，允许误差为 $\pm 10\% \sim \pm 15\%$。

3．品质因数

品质因数也称Q值，是衡量电感质量的主要参数。它是指电感在某一频率的交流电压下工作时，所呈现的感抗与其等效损耗电阻之比。电感的品质因数越高，其损耗越小，效率越高。

电感品质因数的高低与线圈导线的直流电阻、线圈骨架的介质损耗及铁芯、屏蔽罩等引起的损耗有关。

4．分布电容

分布电容是指线圈的匝与匝之间、线圈与磁芯之间存在的电容。电感的分布电容越小，其稳定性越好。

5．额定电流

额定电流是指电感在允许的工作环境下能承受的最大电流。若工作电流超过额定电流，则电感就会因发热而使性能参数发生改变，甚至还会因过流而烧毁。

三、电感常用的标注方法

电感常用的标注方法有三种，即直接标注法、色标法、字母符号法。

1．直接标注法

直接标注法就是在小型固定电感的外壳上直接用数字和符号标出电感量、允许误差及额定电流等主要参数，其中，额定电流常用字母A（50mA）、B（150mA）、C（300mA）、D（700mA）、E（1600mA）来标注。允许误差用Ⅰ（±5%）、Ⅱ（±10%）、Ⅲ（±20%）来标注。例如，电感外壳上标有Ⅱ、3.9mH、A等字样，则表示其电感量为3.9mH，允许误差为±10%，额定电流为50mA。

2．色标法

色标法使用色环颜色及顺序来表示电感量的大小，其单位为μH。通常有四道色环，第一、二道色环表示电感量值的有效数字，第三道色环表示倍率，即有效数字后面加零的个数，第四道色环表示允许误差，色环颜色的含义如表2-3所示。

表2-3　电感色标法的色环颜色含义

色别	黑色	棕色	红色	橙色	黄色	绿色	蓝色	紫色	灰色	白色	金色	银色	无色
有效数字	0	1	2	3	4	5	6	7	8	9			
倍率	10^0	10^1	10^2	10^3	10^4	10^5	10^6	10^7	10^8	10^9	10^{-1}	10^{-2}	
允许误差（%）		±1	±2			±0.5	±0.25	±0.1	±0.05		±5	±10	±20

3．字母符号法

字母符号法就是将字母和数字有规律地组合来标注电感量，或者仅用数字来标注电感量，单位是μH。当电感量仅用数字来标注时，三位数字中的前两位表示有效数字，第三位表示倍率，即有效数字后加零的个数。图2-28中所示电感上标注的331表示330μH。

图2-28　字母符号法示例

四、电感的测量与测试

　　测量、测试电感的参数需要用专用的仪器，如LCR数字电桥、Q表等，在不具备专用仪器的情况下，可借助万用表进行测试，这样也能获得一些可靠的参数并做出正确的判断。

　　在家用电器的维修中，如果怀疑某个电感有问题，那么可以用简单的测试方法来判断它的好坏，如图2-29所示。

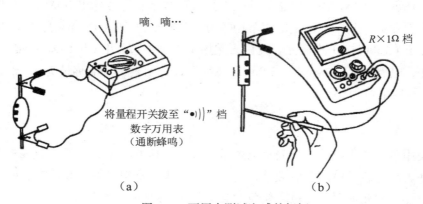

图2-29　万用表测试电感的好坏

　　图2-29（a）所示为通断测试，可通过数字万用表来进行。首先要将数字万用表的量程开关拨至"通断蜂鸣"符号处，用红、黑表笔接触电感的两端，若阻值较小，表内蜂鸣器会鸣叫，则表示该电感可以正常使用。

　　图2-29（b）所示为用指针万用表来测试电感的方法。将指针万用表置于$R \times 1\,\Omega$档，在断电状态下测量电感两端的直流电阻。若高频电感的阻值在零点几欧姆到几欧姆，低频电感的阻值在几百欧姆到几千欧姆，中频电感的阻值在几欧姆到几十欧姆，则说明电感未断。如果阻值很大或为无穷大，则表明该电感已经开路。在测量时要将线圈与外电路断开，以免外电路对线圈的并联作用造成错误的判断。

五、变压器

　　变压器是利用电磁感应的原理来改变交流电压的装置，可以将能量从一个或多个回路转换到另一个或多个回路中去。变压器由磁介质、线圈骨架和线圈绕组组成，有时为了起到电磁屏蔽作用，变压器还要用铁壳或铅壳罩起来。骨架中填充铁磁性介质的变压器叫铁芯变压器，电力系统和低频电子电路中常使用铁芯变压器。骨架中填充非铁磁性介质的变压器叫空芯变压器，空芯变压器主要用于高频电子电路。

铁芯变压器的示意图和电路图如图2-30所示。

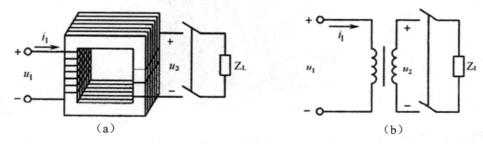

（a）　　　　　　　　　　　　　（b）

图2-30　铁芯变压器的示意图和电路图

（1）铁芯。

铁芯是用来传递磁通的重要部件，通常采用磁导率高又互相绝缘的硅钢片叠加制成，变压器的体积和重量主要集中在铁芯上。在保证变压器的输出功率不受影响的情况下，为提高变压器的质量和效率，减小铁芯的体积和重量，现多采用坡莫合金及各种铁氧体来代替硅钢片。铁芯的形状通常有E字形、D字形、C字形等，如图2-31所示。

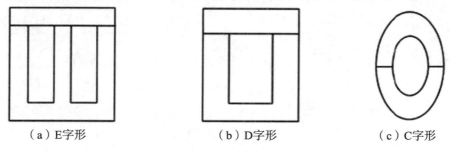

（a）E字形　　　　　　　（b）D字形　　　　　　　（c）C字形

图2-31　常见的铁芯形状

（2）线圈骨架。

为了使线圈与硅钢片或其他磁性材料之间绝缘，线圈和引出线排列整齐，绕线平整紧密，以及提高绕制效率，变压器的线圈一般都是绕在线圈骨架上的。线圈骨架的形状和尺寸是由铁芯的规格尺寸决定的，一般要求铁芯截面以能自如插入线圈骨架为宜。

线圈骨架由绝缘材料制成，常用的材料有环氧玻璃纤维板、青壳纸等。此外，压铸成型的胶木板或聚苯乙烯，以及厚电缆纸也可用于制作线圈骨架。

（3）绕组。

绕组一般采用绝缘良好的漆包线绕制在线圈骨架上构成。连接电源（或信号源）的绕组为初级绕组，也称为初级线圈；连接负载的绕组为次级绕组，也称为次级线圈。

收音机中常用的电感主要有高频变压器、中频变压器和输入变压器，下面逐一介绍。

（1）高频变压器（磁棒线圈）。

天线磁棒是以氧化铁为主要成分的磁性氧化物，质地较脆，不能随意撞击。在电路中与双联电容组成振荡电路。磁棒线圈实物图如2-32所示。

图2-32　磁棒线圈实物图

判断线圈的初级和次级的方法：

磁性天线的初级线圈用线径0.17mm的漆包线绕100圈，次级线圈用同规格的线绕10圈。初级线圈的阻值大约为3～5Ω，次级线圈的阻值大约为2～3Ω。

（2）中频变压器。

中频变压器也称中周，有振荡、耦合及阻抗变换的作用，如图2-33所示。

（a）中周立体图　　　　　　　　（b）中周内部结构图

图2-33　中周

可用指针万用表$R×10Ω$档或数字万用表200Ω档检测线圈的性能。其中，引脚1、2、3为一组线圈两两相通，4、5为一组线圈导通，5个引脚与外壳均不相通。

（3）输入变压器。

输入变压器具有隔直、传交和转换阻抗的作用，如图2-34所示。

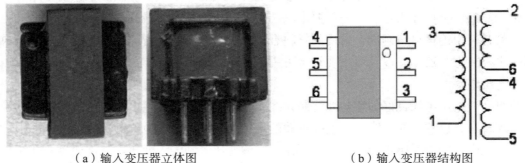

（a）输入变压器立体图　　　　　　　（b）输入变压器结构图

图2-34　输入变压器

可用指针万用表R×100Ω档或数字万用表1kΩ档检测输入变压器的性能。引脚1、3为一组线圈导通，2、6为一组线圈导通，4、5为一组线圈导通，除此之外均不导通。如不满足上述性能，则说明线圈内部出现短路或断路，输入变压器已坏不能使用。

第四节　二极管的认知与测量

晶体二极管简称二极管，它是由一个PN结加上相应的电极引线及管壳封装而成的。由P区引出的电极称为阳极（正极），N区引出的电极称为阴极（负极）。因为PN结具有单向导电性，二极管导通时的电流方向是由阳极通过管子内部流向阴极的。

二极管是最常用的电子元器件之一，常用于整流电路、检波电路、稳压电路，以及各种调制电路。

一、二极管的分类

二极管的种类有很多，按照所用的半导体材料，可分为锗二极管（Ge管）和硅二极管（Si管）。根据其不同用途，可分为检波二极管、整流二极管、稳压二极管、开关二极管、隔离二极管、肖特基二极管、发光二极管、硅功率开关二极管、旋转二极管等。按照管芯结构，可分为点接触型二极管、面接触型二极管及平面型二极管。

下面介绍几种常用的二极管。

（1）整流二极管的结构主要是面接触型，其特点是允许通过的电流比较大，反向击穿电压比较高，但PN结电容比较大，一般广泛应用于处理频率不高的电路中，如整流电路、钳位电路、保护电路等。整流二极管在使用中需要考虑的问题是最大整流电流和最高反向工作电压应大于实际工作中的值。

（2）稳压二极管最主要的用途是稳定电压。在要求精度不高、电流变化范围不大的情况下，可选与需要的稳压值最为接近的稳压二极管直接同负载并联。在稳压、稳流电源系统中一般作基准电源。其存在的缺点是噪声系数较高，稳定性较差。

（3）开关二极管在正向电压作用下的电阻很小，处于导通状态，相当于一只接通的开关；在反向电压作用下，电阻很大，处于截止状态，如同一只断开的开关。利用二极管的开关特性，可以组成各种逻辑电路。

（4）肖特基二极管也称肖特基势垒二极管，是由金属与半导体接触形成的势垒层为基础制成的二极管，其主要特点是正向导通压降小（约0.45V），反向恢复时间短和开关损耗小，是一种低功耗、超高速半导体器件，广泛应用于开关电源、变频器、驱动器等电路，作高频、低压、大电流的整流二极管、续流二极管、保护二极管使用，或在微波通信等电路中作整流二极管、小信号检波二极管使用。

（5）发光二极管是一种半导体组件，由含镓（Ga）、砷（As）、磷（P）、氮（N）等的化合物制成。当电子与空穴复合时能辐射出可见光，因而可以用来制成发光二极管。在电路及仪器中作为指示灯，或者组成文字或数字显示。砷化镓二极管发红光，磷化镓二极管发绿光，碳化硅二极管发黄光，氮化镓二极管发蓝光。

二、二极管的主要参数

用来表示二极管的性能好坏和适用范围的技术指标，称为二极管的参数。不同类型的二极管有不同的特性参数。对初学者而言，必须了解以下几个主要参数。

1．最大整流电流

最大整流电流是指二极管长期连续工作时，允许通过的最大正向平均电流，其值与PN结面积及外部散热条件等有关。因为电流通过时管芯会发热，温度上升，温度超过容许限度（硅管为141℃左右，锗管为90℃左右）时，就会使管芯过热而损坏。所以在规定的散热条件下，二极管在使用中的平均电流不要超过最大整流电流。

2．最高反向工作电压

加在二极管两端的反向电压高到一定值时，会将管子击穿，从而失去单向导电能力。为了保证使用安全，规定了最高反向工作电压值（反向耐压值）。例如，IN4001型二极管的反向耐压值为50V，IN4007型二极管的反向耐压值为1000V。

3．反向电流

反向电流是指二极管在常温（25℃）和最高反向工作电压的作用下，流过二极管的反向电流。反向电流越小，管子的单向导电性能越好。值得注意的是，反向电流与温度有着密切的关系，大约温度每升高10℃，反向电流增大一倍。例如，2AP1型锗二极管，在25℃时反向电流若为250μA，温度升高到35℃时反向电流将上升到500μA，以此类推，在75℃时，它的反向电流已达8mA，不仅失去了单向导电特性，还会使管子过热而损坏。又如，2CP10型硅二极管，25℃时的反向电流仅为5μA，温度升高到75℃时，反向电流也不会超过160μA。因此，硅二极管比锗二极管在高温下具有更好的稳定性。

4．动态电阻

动态电阻是指二极管特性曲线静态工作点附近电压的变化与相应电流的变化量之比。

5．最高工作频率

最高工作频率是二极管工作的上限频率。因二极管与PN结一样，其结电容由势垒电容组成，所以最高工作频率的值主要取决于PN结电容的大小。若是超过此值，则单向导电性将受影响。

6．电压温度系数

电压温度系数是指温度每升高1℃时的稳定电压的相对变化量。

三、二极管常用的命名方法

二极管是由半导体材料制成的一种单向导电电子元器件，其参数是其特性的定量描述，也是实际工作中根据要求选用器件的主要依据。

国产二极管的命名规则由五个部分组成：第一部分用数字表示电极数目，"2"表示的是二极管；第二部分用字母表示材料和极性；第三部分用字母表示类型；第四部分用数字表示序号；第五部分用字母表示规格号，如表2-4所示。

表2-4　我国二极管器件的命名法

第一部分		第二部分		第三部分		第四部分	第五部分
用数字表示 电极数目		用字母表示 材料和极性		用字母表示类型		用数字表示 器件序号	用字母表示规格号
序号	意义	符号	意义	符号	意义		
2	二极管	A B C D	N型，锗材料 P型，锗材料 N型，硅材料 P型，硅材料	P V W C Z L S N U K	普通管 微波管 稳压管 参量管 整流管 整流堆 隧道管 阻尼管 光电器件 开关管		

二极管命名示例如图2-35所示，图中表示的意思为整流二极管，由N型硅材料制成。

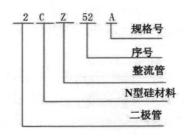

图2-35　二极管命名示例

四、二极管的测试

二极管具有单向导电特性，即正向运用时导通，反向运用时截止。

1. 测试二极管的好坏

整流二极管、检波二极管、阻尼二极管、开关二极管等均属普通二极管。二极管的外形、电路图形符号和测试方法如图2-36所示。

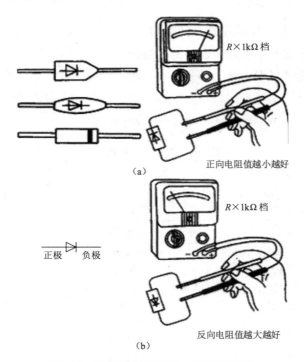

图2-36　指针万用表测试二极管的好坏

根据正常的二极管正向电阻值较小，反向电阻值较大的特征，将指针万用表的量程开关拨至$R×1k\Omega$档来判断被测二极管的好坏。

测量二极管的正向电阻值时，用指针万用表的红表笔接二极管的负极，黑表笔接二极管的正极时（注：在万用表内部，黑表笔与表内电池正极相连，电池负极通表头与红表笔相连），此时二极管的电阻值较小，锗二极管的电阻值为$1k\Omega$左右，硅二极管的电阻值为$4～8k\Omega$左右。

二极管的反向电阻值测量方法，将指针万用表的量程开关仍拨至$R×1k\Omega$档，红表笔接二极管的正极，黑表笔接二极管的负极。此时，正常的锗二极管的反向电阻值在$100k\Omega$以上，硅二极管的反向电阻值为无穷大。

二极管的正、反向电阻值，两者相差越大越好，即正向电阻值要小，反向电阻值要大。若是正、反向电阻值都是无穷大，则说明二极管内部断线开路或烧断；若二极管的正、反向电阻值均为零，则表明两个电极已短路（PN结击穿）；若测得的正、反向电阻值很接近，则表明二极管失去单向导电特性（又叫失效），是不能使用的。

2. 判断二极管的正负极

二极管的反向电阻值远大于其正向电阻值，据此则可判断出它的正极和负极，测试方法如图2-37所示。

将指针万用表的量程开关拨至$R \times 1k\Omega$档，两支表笔分别接在二极管的两端，依次测出二极管的正向电阻值和反向电阻值。若测得的电阻值为几百欧姆至几千欧姆，则说明这是正向电阻值，这时万用表的黑表笔接的是二极管的正极，红表笔接的是二极管的负极。

值得一提的，二极管是非线性器件，其正向电压与正向电流不成正比。若是将指针万用表的量程分别选择在$R \times 100\,\Omega$档、$R \times 10\,\Omega$档、$R \times 1\,\Omega$档，则通过二极管的正向电流依次增大，正向电阻值逐渐减小，但二者并不成反比关系。因此，指针万用表选择的量程档位不同，测出的电阻值也就不一样。

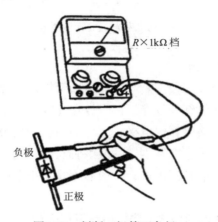

图2-37　判断二极管正负极

3. 发光二极管的检测

（1）发光二极管极性的检测。可用直观法检测出发光二极管的正、负极，方法如下：

将发光二极管放在光线较明亮的地方，观察发光二极管的内部，接触二极管内部金属片较大的引脚即为负极，接触二极管内部金属片较小的引脚即为正极。

（2）发光二极管性能的检测，可用下面的三种方法进行。

方法一：用指针万用表的$R \times 1k\Omega$档测量发光二极管的正、反向电阻值，正、反向电阻值均应趋于无穷大。再用指针万用表的$R \times 10k\Omega$档测量发光二极管的正、反向电阻值，此正向电阻值（即万用表黑表笔接发光二极管的正极，红表笔接发光二极管的负极）约为$10 \sim 20\,k\Omega$，且如果灵敏度较高的发光二极管会同时发出微光。反向电阻值（即万用表黑表笔接发光二极管的负极，红表笔接发光二极管的正极）约为$250\,k\Omega$，则说明该发光二极管完好无损。否则，说明该发光二极管已损坏。

方法二：找一只$220\,\mu F/25\,V$的电解电容，选用指针万用表的$R \times 10k\Omega$档，黑表笔接电容的正极，红表笔接电容的负极（相当于给电容充电）。然后将该电容的正极接发光二极管的正极，负极接发光二极管的负极（相当于用该电容作电源向发光二极管放电）。此时，如果发光二极管发出很强的闪光，则说明该发光二极管完好无损，否则说明该发光二极管已损坏。

方法三：选指针万用表的$R \times 10\,\Omega$档或$R \times 100\,\Omega$档，找一节$1.5\,V$的干电池，将指针万用

表的黑表笔接电池的负极，红表笔接发光二极管的负极，再将1.5V干电池的正极与发光二极管的正极相连，即将它们三个串联起来，如图2-38所示。此时，如果发光二极管正常发光，则说明该发光二极管完好无损，否则说明该发光二极管已损坏。

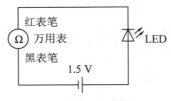

图2-38　发光二极管检测电路

4．红外发光二极管的检测

（1）红外发光二极管极性的检测。与发光二极管极性检测一样，用直观法可以检测红外发光二极管的正、负极。将红外发光二极管放在光线较明亮的地方，看红外发光二极管的管芯下部，有一个浅盘，接触管内电极较宽大的引脚为负极，接触管内电极较窄小的引脚为正极。或者通过引脚的长短来判别，一般引脚长的是正极，引脚短的是负极。有时通过红外发光二极管的形状也能判断出来，一般靠近管身小平面一侧的引脚是负极，而另一引脚即为正极。

（2）红外发光二极管性能的检测。选择指针万用表的$R \times 10k\Omega$档，测量红外发光二极管的正、反向电阻值。若正向电阻值（即黑表笔接二极管的正极，红表笔接二极管的负极）为15～40kΩ，且反向电阻值大于500kΩ，则说明该红外发光二极管的性能良好。若正、反向电阻值均为0或趋于无穷大，则说明该红外发光二极管已被击穿或开路已损坏。若反向电阻值比500kΩ小许多，则说明该管已漏电损坏。

5．红外光敏二极管的检测

选择指针万用表的$R \times 1k\Omega$档，测量红外光敏二极管的正、反向电阻值。若正向电阻值（即黑表笔接二极管的正极，红表笔接二极管的负极）为3～10kΩ，且反向电阻值大于500kΩ时，则说明该红外光敏二极管的性能良好。在测量反向电阻值的同时，用家用电器（如电视机、录像机、VCD等）的遥控器对着该二极管的接收窗口，按下任一键，若此时该红外光敏二极管的反向电阻值从约500kΩ迅速减小到50～100kΩ（阻值下降越多，二极管的灵敏度越高），则说明该红外光敏二极管的性能良好。

若正、反向电阻值均为0或趋于无穷大，则说明该红外光敏二极管已被击穿或开路已损坏。

第五节　三极管的认知与测量

晶体三极管，也称双极型晶体管，简称三极管，是一种控制电流的半导体元器件，其作用是把微弱信号放大成幅度值较大的电信号，也用作无触点开关。

一、三极管的分类

三极管具有电流放大作用，是电子电路的核心元器件。它是在一块半导体基片上制作两个相距很近的PN结，两个PN结把整块半导体分成三部分，中间部分是基区，两侧部分是发射区和集电区，排列方式有PNP和NPN两种，如图2-39所示。

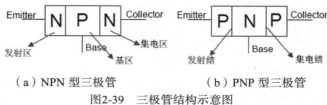

（a）NPN 型三极管　　　　　　（b）PNP 型三极管

图2-39　三极管结构示意图

三极管的分类方法有很多：

按材质可分为硅三极管、锗三极管；

按结构可分为PNP型三极管、NPN型三极管，如图2-40所示；

按功能可分为开关三极管、功率三极管、达林顿三极管、光敏三极管；

按功率可分为小功率三极管、中功率三极管、大功率三极管；

按工作频率可分为低频三极管、高频三极管、超频三极管；

按结构工艺可分为合金三极管、平面三极管；

按安装方式可分为插件三极管、贴片三极管。

（a）PNP型三极管　　　　　　　　（b）NPN型三极管

图2-40　两种三极管的电路符号

二、三极管的主要参数

1. 特征频率

特征频率（f_t）是表征三极管在高频时放大能力的一个基本参量。三极管在正常工作条件下，随着工作频率的升高，其电流放大倍数（β）会随之减小。使β下降到1的频率称为三极管的特征频率。这个参数是描述三极管在高频工作条件下性能的一个重要参数，它反映了三极管在放大信号时所能承受的最高频率。

当信号频率等于f_t时，三极管对该信号失去电流放大功能；当信号频率大于f_t时，三极管将不能正常工作。

2. 电压/电流

电压/电流可以指定三极管的电压/电流使用范围。

3. 电流放大倍数（β）

电流放大倍数是反映三极管放大能力的参数。

4. 集电极与发射极反向击穿电压（V_{CEO}）

集电极与发射极反向击穿电压，表示临界饱和时的饱和电压。

5. 最大允许耗散功率（P_{CM}）

最大允许耗散功率，也称为集电极最大允许耗散功率，是指三极管参数变化不超过规定允许值时，集电极所消耗的最大功率。

三、三极管常用的命名方法

不同的国家对三极管的命名方法是不同的。国产三极管的命名方法由五个部分组成：第一部分用数字表示器件的电极数，第二部分用字母表示器件的材料和极性，第三部分用汉语拼音字母表示器件的类型，第四部分用数字表示器件的序号，第五部分用汉语拼音字母表示器件的规格号，如表2-5所示。

表 2-5　国产三极管的命名方法

第一部分		第二部分		第三部分		第四部分	第五部分
用数字表示器件的电极数		用字母表示器件的材料和极性		用汉语拼音字母表示器件的类型			
数字	意义	符号	意义	符号	意义		
3	三极管	A	PNP型锗材料	Z	整流管	用数字表示器件的序号	用汉语拼音字母表示器件的规格号
		B	NPN型锗材料	L	整流堆		
		C	PNP型硅材料	S	隧道管		
		D	NPN型硅材料	N	阻尼管		
		E	化合物材料	U	光电管		
				K	开关管		
				X	低频小功率管		
				G	高频小功率管		
				D	低频大功率管		
				A	高频大功率管		
				T	半导体闸流管		
				Y	体效应器件		
				B	雪崩管		
				J	阶跃恢复管		
				CS	场效应器件		
				BY	半导体特殊器件		
				FH	复合管		
				PIN	PIN 型管		
				JG	激光器件		

注：场效应器件、半导体特殊器件、复合管、PIN 型管和激光器件的型号命名只有三、四、五部分。

国产三极管命名示例如图2-41所示，图中表示NPN型硅材料、高频小功率的三极管。

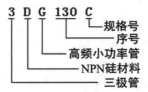

图2-41　国产三极管命名示例

下面对美国和日本的半导体器件命名方法进行介绍。

美国电子工业协会（EIA）对半导体器件的命名方法如表2-6所示。

表 2-6　美国半导体器件的命名方法

第一部分		第二部分		第三部分		第四部分		第五部分	
用符号表示器件用途的类别		用数字表示器件的PN结数目		注册标记		登记号		用字母表示器件的分级	
符号	意义	符号	意义	符号	意义	符号	意义	符号	意义
JNA 或J	军用品	1 2 3 n	二极管 三极管 三个PN结 n个PN结	N	该器件已在美国电子工业协会注册登记	多位数字	该器件在美国电子工业协会的登记号	A B C D ⋮	同一型号的不同级别
	非军用品								

第一部分用符号表示器件用途的类别，第二部分用数字表示器件的PN结数目，第三部分用N来表示该器件已在美国电子工业协会注册登记，第四部分用数字表示该器件在美国电子工业协会的登记号，第五部分用字母表示器件的分级。

美国半导体器件命名示例如图2-42所示。

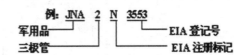

图2-42　美国半导体器件命名示例

日本半导体器件的命名方法由五至七个部分组成，通常只用到前五个部分，其各部分的符号意义如表2-7所示。

表 2-7　日本半导体器件的命名方法

第一部分		第二部分		第三部分		第四部分		第五部分	
用数字表示器件有效电极数目或类型		注册标记		用字母表示器件使用材料的极性和类型		登记号		用字母表示同一型号的改进型标志	
符号	意义	符号	意义	符号	意义	符号	意义	符号	意义
0	光电二极管或三极管及包括上述器件的组合管	S	已在日本电子工业协会注册登记的半导体器件	A	PNP 高频晶体管	多位数字	器件在日本电子工业协会的登记号。性能相同，但不同厂家生产的器件可以使用同一个登记号	A B C D E F	表示这一器件是原型号产品的改进型
				B	PNP 低频晶体管				
				C	NPN 高频晶体管				
1	二极管			D	NPN 低频晶体管				
				F	P 控制极晶闸管				
2	三极管或三个电极的其他器件			G	N 控制极晶闸管				
				H	N 基极单结晶体管				
				J	P 沟道场效应管				
3	具有四个有效电极的器件			K	N 沟道场效应管				
				M	双向晶闸管				

第一部分用数字表示器件有效电极数目或类型；第二部分用S表示该器件已在日本电子工业协会（JEIA）注册登记；第三部分用字母表示器件使用材料的极性和类型；第四部

分用数字表示器件在日本电子工业协会的登记号；第五部分用字母表示同一型号的改进型产品标志，A、B、C、D、E、F表示这一器件是原型号产品的改进产品。

日本半导体器件命名示例如图2-43所示。

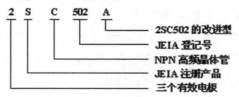

图2-43　日本半导体器件命名示例

四、三极管的测试

1. 判断三极管好坏的方法

图2-44所示为常见三极管的外形。

用指针万用表测试三极管的方法如图2-45所示。指针万用表的量程开关均拨至$R \times 1\mathrm{k}\Omega$档（或$R \times 100\,\Omega$档）。

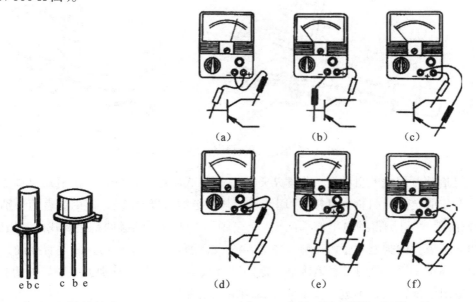

图2-44　常见三极管的外形　　　　图2-45　指针万用表测试三极管

在不知三极管极型的情况下，将指针万用表的红表笔任意与其一个引脚相碰，黑表笔去碰第2个引脚，若测得的电阻值较小，如图2-45（a）所示，交换表笔之后测得的电阻值很大，如图2-45（b）所示，则说明此三极管中的一个PN结是好的。反之，若开始测得的电阻值很大，交换表笔后重新测得的电阻值较小，则也说明此三极管中的一个PN结是好的。但是，两次测得电阻值均很大时会有两种情况：一是被测的PN结可能已损坏；二是可能测的是两个PN结（e结或c结），如图2-45（c）、图2-45（d）所示那样。这是因为，正常三极管的集电结与发射结之间的正、反向电阻值都很大。如遇这种情况，则应及时将其中一支表笔与三极管的第3个引脚相碰，再重复上述过程即可准确判断。

测试三极管第2个PN结的方法如图2-45（e）、图2-45（f）所示。在测试好第一个PN结后，任意固定一支表笔（如红表笔），用黑表笔去分别碰另外两个引脚，测得电阻值较小；再交换表笔，测得电阻值很大，就说明此三极管的第2个PN结也是好的。测得两个PN结的正、反向电阻值相差越大，说明此三极管的性能越好。

测试NPN型三极管的方法与测试的PNP型三极管的方法相同。

2. 判断三极管的管型及电极

（1）判断三极管的基极和管型。

确定三极管的好坏之后，可按照图2-46所示的方法来判断三极管的基极，以及它是PNP型还是NPN型。

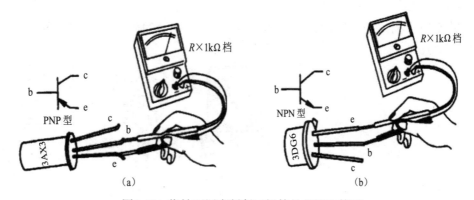

图2-46　指针万用表判断三极管的基极和管型

将指针万用表的量程开关拨至$R \times 1k\Omega$档（或$R \times 100\Omega$档），在不知引脚功能的情况下，首先假定一只引脚为基极b，用红表笔与假定的基极b相碰，再用黑表笔分别与另外的两极相碰，如果测得的电阻值都比较小，就说明红表笔所接触的就是要找的基极b，同时也说明该三极管的类型属于PNP型，如图2-46（a）所示。为了证实判断是否准确，可以交换表笔再测试一下，即用黑表笔接触假定的基极b，而用红表笔分别去接触另外两极，如果测得的电阻值都很大，则进一步证实测试结果是正确的。

如果用红表笔去接触假定的基极，而用黑表笔分别接触另外两个电极时的电阻值都很大，再换用黑表笔接触假定的基极，用红表笔接触另外两个电极时，发现测得的电阻值都很小，则说明假定的基极是NPN型三极管的基极，测试方法如图2-46（b）所示。

（2）判断三极管的发射极和集电极。

① 正向电阻值法。

在确定了三极管的基极和管型之后，通过指针万用表测量三极管的发射结、集电结的正向电阻值，即可判断发射极和集电极，方法如图2-47所示。

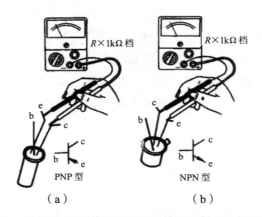

图2-47　正向电阻值法判断三极管的发射极和集电极

无论是PNP型三极管还是NPN型三极管，集电区与基区之间的PN结结面都比发射结结面做得大。所以发射结、集电结的正向电阻值略有差别，即发射结的正向电阻值比集电结的正向电阻值略大。

根据上述特征，可判断三极管的发射极和集电极。将指针万用表的量程开关拨至 $R \times 1$ kΩ档，分别测量三极管两个PN结的正向电阻值，仔细观察万用表指针两次指示的位置。以PNP型三极管为例，指示电阻值大时，黑表笔所接的电极就是发射极，另一极则是集电极，如图2-47（a）所示。对于NPN型三极管而言，指示电阻值大时，红表笔所接的电极为发射极，另一极为集电极，如图2-47（b）所示。

② 正、反向电阻值法。

在已知管型和基极的基础上，可通过指针万用表测量正、反向电阻值来判断三极管的发射极和集电极，方法如图2-48所示。

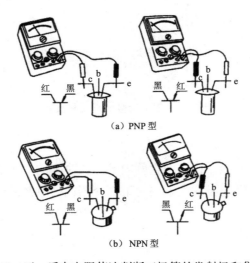

图2-48　正、反向电阻值法判断三极管的发射极和集电极

测量时，将指针万用表的量程开关拨至$R \times 1 k\Omega$档。

判断PNP型三极管的集电极、发射极的方法如图2-48（a）所示。用两支表笔分别去碰未确定的两个电极，测出一个电阻值，交换表笔后再去测出另一个电阻值，比较两次测量的结果，以电阻值小的为准，黑表笔所接电极是发射极，另一极则为集电极。

NPN型三极管的发射极、集电极的判断方法如图2-48（b）所示，过程与PNP型三极管的测量方法相同，也是以电阻值较小的那次为准，此时红表笔所接电极是发射极，另一极则是集电极。

③ 偏流电阻法。

判断方法如图2-49所示，判断结果较为准确。

NPN型三极管：用红、黑表笔分接触除基极以外的两极，湿手指接触基极和黑表笔，再将红、黑表笔对调重测一次。比较两次万用表指针偏转角度的大小，以偏转角度大的一次为准，黑表笔接的是集电极，红表笔接的则是发射极。

PNP型三极管：用红、黑表笔分接触除基极以外的两极，用湿手指接触基极和红表笔，再将红、黑表笔对调重测一次。比较两次万用表指针偏转角度的大小，以偏转角度大的一次为准，红表笔接的是集电极，黑表笔接的则是发射极。

提示：万用表黑表笔输出表内电池的正电压，红表笔输出负电压，一个手指触及红表笔或黑表笔，另一手指接触基极，这就相当于在基极与集电极之间加一个偏流电阻（人体电阻）。

图2-49 湿手指接触基极和表笔

3. 测试三极管电流放大性能

三极管具有电流放大性能，这是由它的内部结构决定的。用三极管组成的放大电路有多种，但用得最多的是共发射极放大电路。下面介绍此种电路的电流放大性能（β值）的测试方法，如图2-50所示。

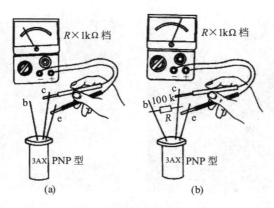

图2-50　测试三极管电流放大性能（β值）

以PNP型三极管为例。将指针万用表的量程开关拨至$R \times 1k\Omega$档，红表笔接集电极，黑表笔接发射极，测出电阻值，如图2-50（a）所示。再按图2-50（b）所示的那样，在集电极与基极之间接入一只阻值为$100k\Omega$的电阻，这时万用表指示的电阻值变小，电阻值约在$10k\Omega$左右。此时电阻值越小越好，电阻值越小则表明被测三极管的β值越大，即电流放大能力越强。

对于NPN型三极管电流放大性能（β值）的测试，只需将两支表笔交换测试即可。

4.用数字万用表测量三极管电流放大倍数

（1）数字万用表的表盘上有三极管的插孔，分为NPN型和PNP型。

（2）将数字万用表旋钮旋转到hFE档位，这是测量三极管电流放大倍数的档位，如图2-51所示。根据三极管的型号插入相应的插孔，如图2-52所示（图中所示为NPN型三极管）。

图2-51　数字万用表的 hFE 档位

图2-52　数字万用表测量NPN型三极管的电流放大倍数

第六节　扬声器的认知与测量

扬声器又称"喇叭"，如图2-53所示，它是一种十分常用的把电信号转变为声信号的换能器件，在发声的电子电气设备中都能见到它。

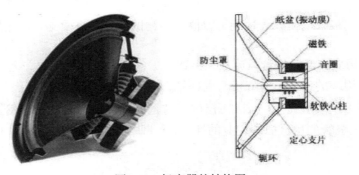

图2-53　扬声器的结构图

当不同的电子能量传至线圈时，线圈产生一种能量与磁铁的磁场互动，这种互动造成纸盆或膜片振动，并与周围的空气产生共振（共鸣）而发出声音。

一、扬声器的分类

扬声器的种类有很多，按其换能原理可分为电动式（动圈式）扬声器、静电式（电容式）扬声器、电磁式（舌簧式）扬声器、压电式（晶体式）扬声器等几种，后两种多用于农村有线广播网中。

按频率范围可分为低频扬声器、中频扬声器、高频扬声器，这些常在音箱中作为组合扬声器使用。

按换能机理和结构可分为电动式（动圈式）扬声器、静电式（电容式）扬声器、压电式（晶体或陶瓷）扬声器、电磁式（压簧式）扬声器、电离子式扬声器和气动式扬声器等，电动式扬声器具有电声性能好、结构牢固、成本低等优点，应用广泛。

按声辐射材料可分为纸盆式扬声器、号筒式扬声器、膜片式扬声器等。

扬声器还可分为内置扬声器和外置扬声器，外置扬声器即一般所指的音箱。内置扬声器是指MP4播放器具有内置的扬声器，这样用户不仅可以通过耳机插孔，还可以通过内置扬声器来收听MP4播放器发出的声音。具有内置扬声器的MP4播放器，可以不用外接音箱，也可以避免长时间佩戴耳机所带来的不便。

下面主要对低频扬声器、中频扬声器、高频扬声器进行介绍。

（1）低频扬声器。

一般来说，低频扬声器的口径、磁体和音圈直径越大，低频重放性能、瞬态特性就越好，灵敏度也就越高。低频扬声器的结构形式多为锥盆式，也有少量的为平板式。低频扬声器的振膜种类繁多，有铝合金振膜、铝镁合金振膜、陶瓷振膜、碳纤维振膜、防弹布振膜、玻璃纤维振膜、丙烯振膜、纸振膜等。采用铝合金振膜、玻璃纤维振膜的低频扬声器一般口径比较小，承受功率比较大。采用强化纸盆、玻璃纤维振膜的低频扬声器播放音乐时的音色较准确，整体平衡度不错。

（2）中频扬声器。

一般来说，中频扬声器只要频率响应曲线平坦，有效频响范围大于它在系统中担负的放声频带的宽度，阻抗与灵敏度和低频单元一致即可。中频扬声器一般有锥盆式和球顶式两种。中频扬声器的振膜以纸盆和绢膜等软性物质为主。

（3）高频扬声器。

高频扬声器顾名思义是为了播放高频声音的扬声器。其结构形式主要有号解式、锥盆式、球顶式和铝带式等几大类。

二、扬声器的性能指标

扬声器的主要性能指标有额定功率、额定阻抗、频率响应、失真度、指向特性、灵敏度等。

1. 额定功率

扬声器的功率有标称功率和最大功率之分。

标称功率称额定功率、不失真功率。它是指扬声器在额定不失真范围内允许的最大输入功率，在扬声器的商标、技术说明书上标注的功率即为该功率值。

最大功率是指扬声器在某一瞬间所能承受的峰值功率。为保证扬声器工作的可靠性，要求扬声器的最大功率为标称功率的2~3倍。

2. 额定阻抗

额定阻抗是指音频为400Hz时，从扬声器输入端测得的阻抗。它一般是音圈直流电阻的1.2~1.5倍。一般电动式扬声器常见的阻抗有4Ω、8Ω、16Ω、32Ω等。

3．频率响应

给一只扬声器加上相同电压、不同频率的音频信号时，其产生的声压将会产生变化。一般中音频时产生的声压较大，而低音频和高音频时产生的声压较小。当声压下降为中音频的某一数值时的高、低音频率范围称为扬声器的频率响应特性。理想的扬声器频率响应特性应为20Hz～20kHz，这样就能把全部音频均匀地重放出来，然而这是做不到的，每一只扬声器只能较好地重放音频的某一部分。

4．失真度

扬声器不能把原来的声音逼真地重放出来的现象叫失真。失真有两种：频率失真和非线性失真。频率失真是由于对某些频率的信号放音较强，而对另一些频率的信号放音较弱造成的，失真破坏了原来高低音响度的比例，改变了原声音色。而非线性失真是由于扬声器振动系统的振动和信号的波动不够完全一致造成的，在输出的声波中增加一新的频率成分。

5．指向特性

指向特性用来表征扬声器在空间各方向辐射的声压分布特性，频率越高指向性越狭，纸盆越大指向性越强。

6．灵敏度

灵敏度是衡量扬声器重放音频信号的细节指标。扬声器的灵敏度通常是指输入频率为1W的噪声电压时，在扬声器轴向正面1m处所测得的声压大小，因此灵敏度也称声压级。灵敏度越高，扬声器对音频信号中的细节做出的响应越好。灵敏度反映了扬声器电、声转换效率的高低。

三、扬声器的主要参数

扬声器的参数是指采用专用的扬声器测试系统所测试出来的扬声器具体的各种性能参数值。其常用的参数主要有Z、F_0、η^0、SPL、Qts、Qms、Qes等。

Z是指扬声器的阻抗，包括额定感抗和直流电阻。它是计算扬声器电功率的基准。直流电阻是指在音圈线圈静止的情况下，通以直流信号而测试出的阻抗值。我们通常所说的4Ω或者8Ω是指额定阻抗。

F_0（最低共振频率）是指扬声器阻抗曲线第一个极大值对应的频率。

η^0（扬声器的效率）是指扬声器输出声功率与输入电功率的比率。

SPL（声压级）是指扬声器在通以频率为1W的噪声电压时，在扬声器轴向正面1m处产生的声压。

Qts是指扬声器的总品质因数值。

Qms是指扬声器的机械品质因数值。

Qes是指扬声器的电品质因数值。

四、扬声器的测试

1. 相位判断

扬声器相位是指扬声器在串联、并联使用时的正极、负极的接法。当使用两只及以上的扬声器时，要设法保证流过扬声器的音频电流方向的一致性，这样才能使扬声器的纸盆振动方向保持一致，不至于使空气振动的能量被抵消而降低放音效果。为此，就要求串联使用时，一只扬声器的正极接另一只扬声器的负极，依次地连接起来。并联使用时，各只扬声器的正极与正极相连、负极与负极相连，也就是达到了同相位的要求。

但是有的扬声器在其引脚上没有标出正极、负极的字样，这样就影响了串联、并联的使用，为此我们要确定扬声器的正、负极性。其方法如下：

（1）将指针万用表置于直流电流档的最低档，将两支表笔分别接扬声器的两个引脚，然后用手指轻而迅速地按一下扬声器的纸盆，并及时观察万用表的指针摆动方向，当指针向右摆时，规定红表笔所接为正极，黑表笔所接为负极；当指针向左摆时，规定红表笔所接为负极，黑表笔所接为正极。

（2）用一节或两节电池（串联），将电池的正、负极分别接扬声器的两个引脚，在电源接通的瞬间注意及时观察扬声器的纸盆振动方向，若纸盆向靠近磁铁的方向做运动，则说明电池的负极接的是扬声器的正极。若纸盆向远离磁铁的方向做运动，则说明电池的正极接的是扬声器的正极。

2. 扬声器的好坏检测

（1）指针万用表检测法。

① 指针万用表调至$R \times 1\,\Omega$档。

② 红、黑表笔分别接扬声器的两端。

③ 正常扬声器此时发出"咔咔"声，声音越清脆表示扬声器的质量越好。

（2）5V电池检测法。

如果没有指针万用表，那么可以准备一节5V电池，检测方法与指针万用表相同。

3. 扬声器的阻抗检测方法

（1）指针万用表调至$R \times 1\,\Omega$档。

（2）红、黑表笔分别接扬声器的两端，测量扬声器的电阻值。

（3）测出的电阻值应该与铭牌标注的标称阻抗相近，过小、过大均说明扬声器已损坏。

第七节　技能训练——常用电子元器件的检测

1．实训目的

（1）掌握各类常用电子元器件的识别方法。

（2）掌握用万用表（指针万用表、数字万用表）检测和判断各类常用电子元器件的方法。

2．工具与器材

（1）工具：万用表1只。

（2）器材：实训套件中各类电子元器件1套。

3．实训步骤

（1）对照材料清单正确识读各类常用电子元器件。

（2）实测并填写下表。

电阻	标称值（Ω）	实测值（Ω）	三极管	型号	ß 值
R1			VT1		
R2			VT2		
R3			VT3		
R4			VT4		
R5			VT5		
R6			VT6		
R7			二极管	阻值（Ω）	
R8			LED	正向	
R9				反向	
R10					
R11					

（3）测试电容、变压器的性能。

4．安全注意事项

（1）切实执行实验室安全操作的有关规定，爱护仪器设备。

（2）检测设备使用前，认真检查所用设备导线、表笔，如发现破损老化及时更换。

（3）使用测量仪器一定要选择合适的量程，不要超量程使用，以免损坏测量仪器。

（4）遇到较大体积的电容时要先进行放电，再进行检测。

思 考 题

1．用指针万用表如何测试发光二极管的性能和判断其极性？

2．电容有哪几种标注方法，并指出下列电容的电容量。

103	0.47	22
223	682	473

3．四色环电阻与五色环电阻的各环代表的含义是什么？请标出下列电阻的阻值及精度。

黄 紫 红 　　棕 黑 绿 银 　　灰 红 绿 红 棕

灰 红 橙 金　　白 棕 蓝　　红 黄 橙 银

4．说明下列晶体型号所代表的含义。

3DG210	3AX31
2CW7	3DA88A

5．如何使用数字万用表判断三极管的管型和测量其电流放大倍数？

第三章 电子产品焊接工艺实训

学习任务与要求

（1）了解电子产品焊接中合金的焊料特性和焊接方法。

（2）具备正确使用焊接工具的能力。

（3）熟练掌握手工五步焊接法。

（4）具备将理论知识应用于实践的能力。

第一节 锡焊工艺的基本知识

电子产品的装配就是把所需的电子元器件（下简称"元器件"）按一定的电路连接起来。连接的方法有焊接法、绕接法、接插件连接法、接线柱连接法等。无论哪一种方法，首先要保证有良好的导电性能，也就是说接触电阻要尽可能的小，连接要绝对可靠。其中焊接法是采用最多的方法之一，是电子产品制作和维修的主要环节，是保证电子产品质量和可靠性的重要环节。

1. 焊接的定义及类型

焊接是连接各元器件及导线的主要手段。它利用加热、加压来加速工件金属原子间的扩散，依靠原子间的内聚力，在工件金属连接处形成牢固的合金层，从而将工件金属永久地结合在一起。

焊接通常分为熔焊、接触焊和钎焊三类。

（1）熔焊。

熔焊是一种直接熔化母材的焊接方法，常见的熔焊有电弧焊、激光焊、等离子焊和气焊等。

（2）接触焊。

接触焊是一种不用焊料和焊剂就可以获得可靠连接的焊接方法。常见的接触焊有压焊、绕接和穿刺等。

（3）钎焊。

钎焊是在已加热的工件金属之间，熔入低于工件金属熔点的焊料，借助焊剂的作用，依靠毛细现象，使焊料浸润工件金属表面，并发生化学变化生成合金层，从而使工件金属与焊料结合为一体的焊接方法。钎焊按照使用焊料的熔点不同分为硬钎焊（焊料熔点高于450℃）和软钎焊（焊料熔点低于450℃）。焊接元器件常用的锡焊就属于软钎焊。

2. 锡焊的定义及特点

将锡铅焊料熔入焊件的缝隙使其连接的方法称为锡焊。除含有大量铬和铝等合金的金属不易焊接外，其他金属一般都可以采用锡焊焊接，在电子产品生产过程中，它是使用最早、范围最广的一种焊接方法，当前使用仍占较大比重。它具有以下特点：

（1）锡铅焊料熔点较低，适合半导体等电子材料的连接；

（2）所用的焊接工具和材料简单，成本低；

（3）焊点有足够的机械强度和电气性能；

（4）锡焊过程具有可逆性，易于整修焊点、拆换元器件、重新焊接。

近年来，随着电子工业的快速发展，焊接工艺也有了新的发展。在锡焊方面，一大批电子企业已普遍使用了应用机械设备的浸焊和实现自动化焊接的波峰焊，这不仅降低了工人的劳动强度，还提高了生产效率，保证了产品的质量。同时，无锡焊接在电子工业中也得到了较多的应用，如熔焊、绕接焊、压接焊等。

3. 锡焊的机理

锡焊的过程，大致分为三步，即润湿、扩散、形成结合层。

（1）润湿。

加热后呈熔融状态的焊料在工件金属表面靠毛细管的作用扩散形成焊料层的过程称为焊料的润湿。润湿程度主要取决于焊件表面的清洁程度及焊料表面的张力。在焊料表面的张力小、焊件表面无油污，并涂有助焊剂的条件下，焊料的润湿性能较好。

（2）扩散。

由于金属原子在晶格点阵中呈热振动状态，所以当温度升高时，它会从一个晶格点阵自动地转移到其他晶格点阵，这个现象称为扩散。锡焊时，焊料和焊件表面的温度较高，焊料、焊件表面的原子相互扩散，在两者接触的界面形成新的合金。

（3）形成结合层。

焊接后的焊点降温到室温，在焊接处形成由焊料层、合金层和工件金属表面层组成的结合结构。合金层形成在焊料和工件金属接触的界面上，称为"结合层"。结合层的作用是将焊料和焊件结合成一个整体，从而实现金属连续性。

综上所述，焊接的过程是将表面清洁的焊件与焊料加热到一定温度，焊料熔化并润湿焊件表面，在其界面上发生金属扩散并形成结合层，从而实现金属的焊接。

4. 锡焊的条件

进行锡焊，必须具备以下几个条件。

（1）焊件必须具有良好的可焊性。

金属表面被熔融焊料浸湿的特性叫作可焊性，只有能被焊锡浸湿的金属才具有可焊性。在焊接时，由于高温使金属表面产生氧化膜，影响材料的可焊性。为了提高其可焊性，一般采用表面镀锡、镀银等措施来防止材料表面的氧化。常用的元器件引线、导线及焊盘等大多采用铜材制成。

（2）焊件表面必须保持清洁。

在实际焊接中，工件金属表面如果存在氧化物或污垢，会严重影响在界面上形成的合金层，需要通过化学方法或机械方法来清除以免造成虚焊、假焊。机械方法是用砂纸或锉刀等将其除去，化学方法是使用助焊剂来清除，使用助焊剂不会损坏母材而且效率又高。

（3）选用合适的助焊剂。

助焊剂的作用是清除焊件表面的氧化膜并减小焊料熔化后的表面张力，以利于浸润。助焊剂的性能一定要适合于被焊金属材料的焊接性能。不同的焊件、不同的焊接工艺，应选择不同的助焊剂。例如，镍镉合金、不锈钢、铝等材料，需使用专用的特殊助焊剂；在焊接电子线路板等精密电子产品时，为了焊接的可靠稳定，通常采用松香助焊剂。

（4）选用正确的焊料。

焊料的成分及性能应与被焊金属材料的可焊性、焊接温度及时间、焊点的机械强度相适应。锡焊工艺中使用的焊料是锡铅合金，根据锡铅的比例及其他少量金属成分的含量不同，其焊接特性也有所不同，应根据不同的要求正确选用焊料。

（5）焊件要加热到适当的温度。

焊接时，将焊料和被焊金属加热到焊接温度，使熔化的焊料在被焊金属表面浸润、扩散并形成金属化合物。因此，要想保证焊点牢固，一定要有适当的焊接温度。

（6）要有适当的焊接时间。

焊接时间是指在焊接过程中，进行物理、化学变化所需要的时间。它包括被焊金属材料达到焊接温度的时间、焊锡熔化的时间、助焊剂发生作用并生成金属化合物的时间等。焊接时间的长短应适当，过长会损坏元器件并使焊点的外观变差，过短会导致焊料不能充分润湿被焊金属，从而达不到焊接的要求。

第二节　焊接材料

能熔合两种或两种以上的金属，使之成为一个整体的金属或合金，都称为焊接材料，简称焊料。焊料是一种易熔金属，它的熔点低于被焊金属。焊料熔化时，在被焊金属不熔化的条件下能润湿被焊金属表面，并在接触面处形成合金层而与被焊金属连接到一起。

1. 常用焊锡

在电子产品装配中，手工锡焊焊料的主要成分为锡（Sn），它是一种质地柔软、延展性好的银白色金属，熔点为232℃，在常温下化学性能稳定、不易氧化、不失金属光泽、抗大气腐蚀能力强。在锡中加入一定比例的铅和少量其他金属可制成熔点低、抗氧化性好、对元器件和导线的附着力强、机械强度高、导电性好、焊点光亮美观的焊料。

在电子产品装配中，锡铅系列（熔点在450℃以下）的软焊料用于焊接铜和黄铜等金属，如焊接印制电路板（以下简称"电路板"）。

锡铅合金大约在180～240℃时熔化，图3-1所示为锡铅合金的温度特性与锡和铅的质量百分比的函数关系。

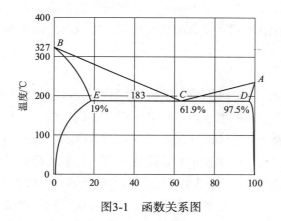

图3-1 函数关系图

纯锡的熔点为A，纯铅的熔点为B，温度在B、C、A三点确定的界限以上时，所有的合金组呈液态，线BCA称液相线；当温度低于称为固相线的$BECDA$线时，所有的合金组呈固态；在两线之间，合金固液并存，称为塑性区域。焊接必须始终在超过液相线温度的条件下进行，已完成的组件的最高工作温度必须始终低于固相线。实际应用中将锡60%、铅40%的焊锡称为共晶焊锡，其熔点和凝固点不是单一的183℃，而是在某个范围内，这在工程上是经济的。

锡焊焊料在使用时通常按规定的尺寸加工成型，有片状、块状、棒状、带状和丝状等多种形状。

（1）焊锡丝。

丝状焊料通常称为焊锡丝，它由助焊剂和焊锡共同组成，在焊锡丝中夹带固体助焊剂。电子产品手工焊接中通常选择的是含锡量40%～60%的中间有单芯松香的松香芯焊锡丝，其中松香是助焊剂。松香芯焊锡丝的外径通常有0.5mm、0.8mm、1mm、1.2mm、1.6mm、2mm等规格。

松香芯焊锡丝在焊接时偶尔会产生飞溅，可能引起电气故障。飞溅的原因主要是焊料中的松香急剧加热导致其中的空气或水分膨胀。因此，在焊接插件接触面、旋转开关、继电器触点的接点时应尤为注意。

（2）抗氧化焊锡。

抗氧化焊锡是在锡铅合金中加入少量的活性金属，能使氧化锡、氧化铅还原，并漂浮在焊锡表面形成紧密的覆盖层，从而保护焊锡不被继续氧化。抗氧化焊锡通常适用于浸焊和波峰焊。

（3）含银焊锡。

含银焊锡是在锡焊焊料中加入0.5%～2%的银，可以减少镀银件在焊料中的熔解量，并可降低焊料的熔点。

（4）焊锡膏。

焊锡膏是由高纯度的焊锡粉、助焊剂及少量印刷添加剂混合形成的乳脂状混合物，能方便地用钢模或丝印网的方式涂布于电路板上。焊锡膏在常温下可将元器件初粘在既定位置，在焊接温度下，随着熔剂和部分添加剂的挥发，将被焊元器件与电路焊盘焊接在一起形成永久连接。

（5）无铅焊锡。

2006年2月，我国发布《电子信息产品污染控制管理办法》，规定自2007年3月1日起投放市场的国家重点监管目录内的电子信息产品不能含有铅（Pb），因此无铅焊锡应运而生。

无铅焊锡的成分主要包括锡（Sn）、铜（Cu）、银（Ag）、镍（Ni）等金属元素，以及钴（Co）、锑（Sb）、锗（Ge）、铟（In）等辅助元素。其中，锡是无铅焊锡的主要成分，通常占焊料重量的大部分。铜和银是常用的合金元素，能够提高焊点的强度和耐腐蚀性能。镍可以提高焊点的抗氧化性能，使焊点在高温、高湿环境下仍能保持稳定。辅助元素的作用也非常重要，例如，钴可以增加焊点的流动性和润湿性，使焊接表面更容易形成均匀的焊点；锑和锗可以提高焊点的硬度和强度，增强焊点的承载能力；铟能够增强焊点的耐热性和抗氧化性。

无铅焊锡在多个领域被广泛应用，如电子制造工艺、通信网络建设、机械加工等，其用途主要包括以下几个方面。

① 电子制造工艺。无铅焊锡丝被广泛应用于表面贴装（SMT）、插件式焊接（DIP）、贴片电容、IC插座等焊接领域。无铅焊锡丝具有低熔点、低含银量、润湿性良好等特点，使其较为适合焊接精细产品。

② 通信网络建设。无铅焊锡丝被应用于光纤接口、各种信号线路、直流电源的连接处等，无铅焊锡丝的低温熔点和稳定性保证了通信设备的高效运行和长期稳定性。

③ 机械加工。无铅焊锡丝被用于各种零件的焊接，包括汽车零部件、机械零组件、化工设备等。无铅焊锡丝的高强度、抗腐蚀性等特点，使其能够满足机械加工领域高要求的工艺性能。

无铅焊锡具有环保、焊接质量高、适应性强等优点，但还存在焊接难度大、耐热性不足等缺点，具体描述如下。

① 无铅焊锡不含有铅、汞等有毒成分，对环境和人体健康无害，符合环保要求。

② 无铅焊锡具有优异的润湿性，能够在焊接过程中有效保证金属之间的连接，焊缝干净、整洁。

③ 无铅焊锡适用于小型化电子设备的需要，可以使元器件之间的距离更紧密。

④ 由于无铅焊锡的熔点较高，黏度也会相应增加，使得焊接难度增大。

⑤ 无铅焊锡的耐热性还不能满足部分项目的需求，特别是在高温环境下，焊点的稳定性和抗氧化性能可能不如有铅焊锡。

无铅焊锡虽然存在一些缺点，但其环保、焊接质量高等优点使得它在许多领域得到了广泛应用。随着环保意识的不断提高和科学技术的不断进步，无铅焊锡有望在未来取代有铅焊锡成为主流的焊接材料。

2. 助焊剂

金属表面与空气接触后会生成一层氧化膜，这层氧化膜阻止了液态焊锡对金属的润湿作用，犹如玻璃沾上油就会使水不能润湿一样。助焊剂就是用于清除氧化膜的一种专用材料。

（1）助焊剂的作用。

① 除氧化膜。其实质是助焊剂中的氯化物、酸类与氧化物发生还原反应，破坏金属氧化膜使氧化物漂浮在焊锡表面而清除，并覆盖在焊料表面，防止焊料或金属继续氧化。

② 防止氧化。液态的焊锡及加热的焊件金属都容易与空气中的氧气接触而氧化，助焊剂熔化后漂浮在焊料表面，形成隔离层，因而防止了焊接面的氧化。

③ 增加焊料的流动性，减小表面张力，有助于进一步提高焊料浸润能力。

④ 使焊点美观。合适的助焊剂能够整理焊点形状，保持焊点表面的光泽。

（2）对助焊剂的要求。

① 熔点应低于焊料，只有这样才能发挥助焊剂的作用。

② 表面张力、黏度、密度应小于焊料。

③ 残渣应容易清除和清洗，否则会影响外观，对高密度组装产品来说甚至还会影响电路性能。

④ 不能腐蚀母材。

⑤ 不能产生有害气体或刺激性气味。

（3）助焊剂的分类及选用。

助焊剂的种类有很多，大体可分为无机助焊剂、有机助焊剂和树脂助焊剂三大类。

① 无机助焊剂。

无机助焊剂的活性最强，常温下就能去除金属表面的氧化膜。但这种强腐蚀作用很容易损伤金属及焊点，在电子产品焊接中通常不采用。

② 有机助焊剂。

有机助焊剂具有较好的助焊作用，但也有一定的腐蚀性，残渣不容易清除，且挥发物会污染空气，一般不单独使用。

③ 树脂助焊剂。

这种助焊剂的主要成分是松香，因此也被称为松香助焊剂，在电子产品生产中占有重要地位，成为专用型的助焊剂。它在常温下几乎没有任何化学活力，呈中性，当加热到熔化时，呈弱酸性。它可与金属氧化膜发生还原反应，生成的化合物悬浮在液态焊锡表面，也起到使焊锡表面不被氧化的作用。焊接完毕恢复常温后，松香又变成固体，无腐蚀、无污染、绝缘性能好。为提高其活性，常将松香溶于酒精中再加入一定的活化剂制成松香水，涂在敷铜板上起防氧化和助焊的作用。但松香在反复加热后会被碳化变黑而失效，就失去了助焊的作用。氢化松香是从松脂中提炼而成，专为锡焊生产的一种高活性松香，常温下性能比普通松香更稳定，助焊作用也更强。

助焊剂的选用应优先考虑被焊金属的焊接性能及氧化、污染等情况。常用的助焊剂如氧化锌和焊锡膏因腐蚀性大，虽然去油、去污能力强，但不适合用于元器件及电路板的焊接。使用质量优良的焊料和助焊剂得到的焊点光亮、圆润、牢固，电气和机械特性都比较优良，而使用质量低劣的焊料和助焊剂，则会导致焊点粗糙、无光泽，甚至有麻点、发黑。铂、金、银、铜、锡等金属的焊接性能较强，为减少助焊剂对金属的腐蚀，多采用松香作为助焊剂。焊接时，尤其是手工焊接时多采用松香芯焊锡丝。

3. 阻焊剂

阻焊剂是一种耐高温的涂料，用于保护电路板上不需要焊接的部位，被广泛应用于浸焊和波峰焊中。

阻焊剂的成分通常包括树脂、固化剂、熔剂、促进剂等，其中树脂是阻焊剂的主要组成部分，它可以防止焊锡在不需要焊接的地方流动，从而避免短路和焊接错误。它还可以防止水分、化学物质和机械损伤对电路板的损害。

阻焊剂的主要作用有以下几个方面。

（1）提高电路板的可靠性和稳定性。

（2）保护焊盘不受到冲击和振动的影响。

（3）避免电路短路和焊接缺陷。

（4）减少电路板表面的污染和腐蚀。

（5）增强机械强度、绝缘性能和耐化学腐蚀性。

阻焊剂的使用也需要一定的技巧和经验，如果使用不当，则可能会导致焊接不良、电路短路等问题。因此，在使用阻焊剂时，需要按照操作规程进行，严格控制阻焊剂的涂覆厚度、干燥时间和温度等参数，以确保电路板的焊接质量和可靠性。同时，也需要对阻焊剂的质量和性能进行严格的检测和评估，以确保其符合使用要求。

第三节　手工焊接工具

焊接质量取决于材料（Material）、机器（Machine）、方法（Method）、操作者（Man），称之为4M，其中最重要的是操作者。

电子产品装配中的焊接，是用一个热源将被焊金属（固体）加热到焊料熔化温度，再填充焊料，使之充分吸收，在被焊金属的焊料和交界处形成合金（金属间化合物）层，在操作时必须遵循净化、加热、焊接这三个步骤（焊接三要素）。

（1）净化被焊金属。

（2）将被焊金属加热到焊料熔化温度。

（3）焊料填充到被焊金属的连接面上。

1. 电烙铁

电烙铁是手工焊接的主要工具。选择合适的电烙铁并合理地使用，是保证焊接质量的基础。

1）电烙铁的基本结构及分类

（1）电烙铁的基本结构。

单一焊接用的直热式电烙铁是目前较常用的。图3-2所示为其典型结构示意图。

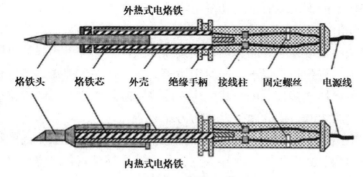

图3-2　直热式电烙铁结构示意图

电烙铁主要由加热体（烙铁芯）、烙铁头和绝缘手柄三部分组成。

电烙铁中的加热体将电能转换为热能，加热体俗称烙铁芯，它是将镍铬电阻丝缠在云母、陶瓷等耐热、绝缘材料上构成的。

烙铁头也称为传热体，将热量传递给被焊工件，对被焊接的金属进行加热，同时熔化焊锡完成焊接，它一般用紫铜制成。在使用中，烙铁头因高温氧化和焊剂腐蚀会变得凹凸不平，需经常清理和修整。

绝缘手柄是手持操作部分，起隔热、绝缘作用。它一般用木料或胶木等绝缘材料制成，如果出现设计不良的绝缘手柄，则会由于温度过高而影响操作。

（2）电烙铁的分类。

由于用途、结构的不同，有各式各样的电烙铁。按照加热方式分为直热式、感应式、气体燃烧式等。按功率分为20W、30W……300W等。按功能分为单用式、两用式和调温式等。常见的电烙铁有外热式、内热式、恒温式、吸锡式等。

① 外热式电烙铁。

加热体（烙铁芯）在烙铁头外部称为外热式电烙铁。

外热式电烙铁的规格有很多，常用的有15W、25W、30W、40W、60W、80W、100W、150W等，功率越大，烙铁头的温度就越高。烙铁芯的功率规格不同，其内阻阻值也不同。25W电烙铁的内阻阻值约为2kΩ，40W电烙铁的内阻阻值约为1.2kΩ，80W电烙铁的内阻阻值约为0.6kΩ，100W电烙铁的内阻阻值约为0.5kΩ。当不知所用的电烙铁为多大功率时，可以测其内阻阻值，从而判断功率的大小。

② 内热式电烙铁。

由于加热体（烙铁芯）安装在烙铁头里面，从内向外加热，因而发热快、热利用率高，故称为内热式电烙铁。

常用的内热式电烙铁的规格有20W、25W、35W、50W等，由于它的热效率较高，20W内热式电烙铁就相当于40W左右的外热式电烙铁，烙铁头的温度可达350℃左右。电烙铁的功率越大，烙铁头的温度就越高。焊接集成电路、一般小型元器件选用20W内热式电烙铁即可。使用的电烙铁功率过大，容易烫坏元器件（晶体管等元器件当温度超过200℃时就会烧毁）和使电路板上的铜箔线脱落。如果电烙铁的功率太小，不能使被焊接物充分加热，则会导致焊点不光滑、不牢固，易产生虚焊。

内热式电烙铁的后端是空心的，用于套接在连接杆上，并且用弹簧夹固定，当需要更换烙铁头时，必须先将弹簧夹退出，同时用钳子夹住烙铁头的前端，慢慢地拔出，切记不能用力过猛，以免损坏连接杆。内热式电烙铁的烙铁芯是用比较细的镍铬电阻丝绕在瓷管上制成的，20W内热式电烙铁的内阻阻值约为2.5kΩ。

由于内热式电烙铁有升温快、质量小、耗电少、体积小、热效率高的特点，因而得到了广泛的应用。但内热式电烙铁也存在缺点，如烙铁头易被氧化、烧死，长时间工作易损坏，使用寿命短等。

③ 恒温式电烙铁。

恒温式电烙铁是一种能自动调节温度，使焊接温度保持恒定的电烙铁。

在焊接集成电路、晶体管元器件时，温度不能太高，焊接时间不能太长，否则就会因温度过高造成元器件的损坏，因此对电烙铁的温度要给以限制，恒温式电烙铁就可满足这一要求。

恒温式电烙铁具有省电、使用寿命长、焊接质量高、体积小、质量小等优点，但其价格较高。

④ 吸锡式电烙铁。

吸锡式电烙铁是将活塞式吸锡器与电烙铁融为一体的拆焊工具，具有加热、吸锡两种功能。吸锡式电烙铁的结构如3-3所示。

吸锡式电烙铁用于拆焊时，对焊点加热并除去焊点上多余的焊锡，使元器件的引脚与焊盘分离。吸锡式电烙铁的拆焊效率高，不易损伤元器件，适用范围广，不足之处是每次只能对一个焊点进行拆焊。

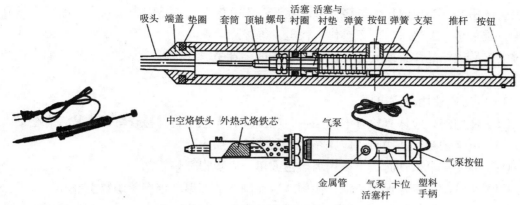

图3-3　吸锡式电烙铁的结构

吸锡式电烙铁的使用方法：接通电源预热3～5分钟，然后将活塞柄推下并卡住，把吸锡式电烙铁的吸头前端对准欲拆焊的焊点，待焊锡熔化后，按下按钮后活塞便自动上升，焊锡即被吸进气筒内，有时这个步骤要进行几次才能完成拆焊。一般吸锡器配有两个以上直径不同的吸头，可根据元器件引线的粗细进行选用，每次使用完毕后，要推动活塞三到四次以清除吸管内残留的焊锡，使吸头与吸管畅通，以便下次使用。

2）电烙铁的选择

当进行科研、生产和仪器维修时，可根据不同的焊接对象选择不同的电烙铁。电烙铁应具备温度稳定快、热量充足、耗电少、热效率高、可连续焊接、质量小、便于操作、可以换烙铁头、容易修理、结构坚固、寿命长等条件。另外，在焊接元器件时，还应具备漏电流小、静电弱、对元器件没有磁性影响等条件。电烙铁的选择主要从电烙铁的种类、功率及烙铁头的形状三方面进行考虑，如表3-1所示。

表3-1　电烙铁的选择依据

焊接对象及工作性质	烙铁头温度（℃） （室温、220V 电压）	电烙铁
一般电路板、安装导线	350～450	20W 内热式、25W～30W 外热式、恒温式
集成电路	250～400	20W 内热式、恒温式
焊片、电位器、2～8W 电阻、大电解电容、大功率管	350～450	35～50W 内热式、恒温式、50～75W 外热式
8W 以上的电阻，直径 2mm 以上的导线	400～550	100W 内热式、150～200W 外热式
金属板	500～630	300W 以上的外热式
维修、调试一般电子产品	350	20W 内热式、恒温式
SMT 高密度、高可靠性电路组装、返修及维修等工作，无铅焊接	350～400	恒温式

电烙铁主要以消耗的电功率来区别，常用的有20 W、25 W的内热式电烙铁和25 W、40 W的外热式电烙铁。晶体管收音机、收录机等采用小型元器件的普通电路板和IC电路板的

焊接应选用20～25W内热式电烙铁或30W外热式电烙铁，这是因为小功率的电烙铁具有体积小、质量小、发热快、便于操作、耗电少等优点。电烙铁的功率一定要选择合适的，功率过大容易烫坏晶体管或其他元器件，功率过小容易出现假焊或虚焊，直接影响焊接的质量。

3）电烙铁使用注意事项

（1）使用前，应认真检查电源插头、电源线有无损坏，并检查烙铁头是否有松动。

（2）电烙铁初次使用时，应先在烙铁头上搪一层锡。

（3）在使用电烙铁时，不要用力敲击或甩动以免损坏烙铁芯。

（4）烙铁头应经常保持清洁，使用时应在潮湿的高温纤维棉等织物上擦几下以除去氧化膜或污物。电烙铁使用时间过长，吃锡面的表面会氧化，甚至形成空洞，这时候，应将电烙铁断电冷却，更换烙铁头后再使用。吃锡面的形状和氧化程度会影响焊接的质量和效率。正确使用和保养烙铁头是保证优质焊接的基础。

（5）电烙铁使用完毕后，应及时切断电源。冷却后，清洁好烙铁头，摆放整理好工具。

（6）电烙铁是手持工具，所以电烙铁的外壳必须有良好的接地，避免由于漏电发生触电事故。使用电烙铁还要小心避免烫伤。

2．热风枪

热风枪又称贴片元器件拆焊台，主要是利用发热电阻丝的枪芯吹出的热风来对元器件进行焊接与摘取的工具，如图3-4所示。它专门用于表面贴片安装元器件（特别是多引脚的SMD集成电路）的焊接和拆卸。

图3-4　热风枪

3．其他工具

其他工具包括小刀、尖嘴钳、斜口钳、钢丝钳、一字螺丝刀、十字螺丝刀、无感螺丝刀、镊子、剥线钳等。以上工具可以对电路板、接线架、元器件引脚进行去氧化膜处理，夹持元器件，剥线和剪切引脚，调整磁芯，松开和紧固螺母、螺丝等，是电子产品装配中常用的必备工具。有些电路板、接线架、元器件引脚是经过处理的，上面已经有一层易焊的薄膜，对此不需修刮，以免破坏膜层。

第四节　手工焊接工艺

在电子产品装配过程中，为了避免连接处被焊金属的移动和露在空气中的金属表面产生氧化膜导致导电率不稳定，通常用焊接工艺来处理金属导体的连接。

1．焊接的工艺要求

（1）焊点要保证良好的导电性能，焊锡必须充分渗透，其接触电阻要小。

（2）焊点要有足够的机械强度。

（3）焊点表面要干净、光滑并有光泽，焊点的大小要均匀。

（4）焊点不能出现搭接、短路现象。

2．锡焊的基本条件

（1）焊件必须具有可焊性。只有能被焊锡浸润的金属才具有可焊性，并非所有的金属材料都具有良好的可焊性，即使一些容易焊的金属，如紫铜及其合金等，因为表面容易产生氧化膜，一般必须采用表面镀锡、镀银等措施来提高其可焊性。

（2）焊件表面必须保持清洁，要有适当的温度。

（3）使用合适的焊料和焊剂。

3．手工焊接的基本操作

（1）手工焊接的操作姿势。

正确的操作姿势是挺胸端正直坐，鼻尖至烙铁头尖端至少应保持20厘米以上的距离，通常以40厘米为宜。根据电烙铁大小的不同和焊接操作时的方向和工件不同，可将手持电烙铁的方法分为反握法、正握法和握笔法三种，如图3-5所示。

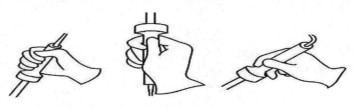

（a）反握法　　（b）正握法　　（c）握笔法

图3-5　手持电烙铁的方法

（2）手工焊接的操作步骤。

一般把手工焊接的过程归纳成四个字："刮、镀、测、焊"。

① "刮"就是处理焊接对象的表面。焊接前应先进行焊件表面的清洁工作，有氧化膜的要刮去，有油污的要擦去。

② "镀"是指对被焊部位进行搪锡。

③ "测"是指检查搪过锡的元器件在电烙铁高温下是否变质。

④ "焊"是指最后把测试合格的、已完成上述三个步骤的元器件焊到电路中去。

焊接完毕要进行清洁和涂保护层，并根据对焊接件的不同要求进行焊接质量的检查。

（3）手工焊接的五步操作法。

手工焊接作为一种操作技术，必须要通过实际训练才能掌握。对于初学者来说，亲自进行操作训练是非常有成效的，操作方法如图3-6所示。

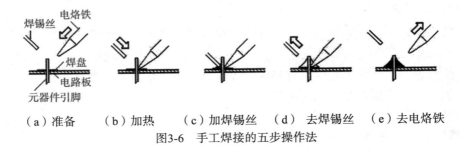

（a）准备　　（b）加热　　（c）加焊锡丝　　（d）去焊锡丝　　（e）去电烙铁

图3-6　手工焊接的五步操作法

① 准备。

准备好被焊工件，电烙铁加热到工作温度，烙铁头保持干净并做好吃锡处理。通常右手握电烙铁、左手握焊料（手工焊接时通常采用焊锡丝），焊料与电烙铁分别位于被焊工件的左右两侧。

② 加热。

烙铁头要同时加热被焊工件的引脚和电路板的焊盘，一般用烙铁头较大部分接触热容量较大的焊件，烙铁头侧面或边缘部分接触热容量较小的焊件，以保持焊件均匀受热，加热过程中不要施加压力或随意拖动电烙铁。

③ 加焊锡丝。

当工件被焊部位和焊盘升温到焊接温度时，送上焊锡丝并与工件焊点部位接触，熔化并润湿焊点。焊锡应从电烙铁对面接触焊件，送锡要适量，一般以有均薄的一层焊锡、能全面润湿整个焊点为佳。

④ 去焊锡丝。

当熔化一定量的焊锡后迅速移去焊锡丝。

⑤ 去电烙铁。

移去焊锡丝后，在助焊剂还未挥发完之前，迅速移去电烙铁，否则将留下不良焊点。电烙铁撤离的方向与焊锡留存量有关，一般以与轴向成45°的方向撤离。撤掉电烙铁时应往回收，回收动作要迅速、熟练，以免形成拉尖；在收电烙铁的同时，应轻轻旋转一下，这样可以吸除多余的焊锡。

对于热容量较小的焊点，可将加热和加焊锡丝合成一步、去焊锡丝和去电烙铁合成一步，概括为三步法操作。

4. 手工焊接的技术要领

（1）焊件表面处理和保持烙铁头的清洁。

通常用刮刀或砂纸去除元器件引脚的氧化膜；对于集成电路引脚，一般在焊前不进行清洁处理，但要求元器件在使用前必须妥善保存。如果引脚已氧化，则只能用绘图橡皮轻擦，然后再进行搪锡。在大规模生产中，从元器件的清洗到搪锡，这些工序都由自动生产线完成；中等规模的生产也可以使用搪锡机给元器件搪锡；在手工锡焊和小批量生产中，常用的搪锡方法是电烙铁搪锡和搪锡槽搪锡。

（2）焊锡量要合适，不要用过量的焊剂，合格焊点的外观和形状如图3-7所示。

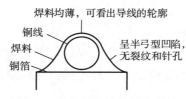

图3-7　合格焊点的外观和形状

（3）采用正确的加热方法和合适的加热时间。加热时要靠增加接触面积加快传热，要让烙铁头与焊件形成面接触而不是点接触或线接触，同时应让焊件上需要焊锡浸润的部分受热均匀。

（4）焊接时焊件要固定，在焊点上的焊锡凝固之前不要使焊件移动或振动，否则会造成"冷焊点"，使焊点内部结构疏松，强度降低，导电性差。实际操作时可以用各种适宜的方法将焊件固定，或使用可靠的夹持措施。

（5）电烙铁撤离要及时，并且撤离时的角度和方向与焊点的形成有一定的关系，不同的撤离方向对焊点的影响如图3-8所示。

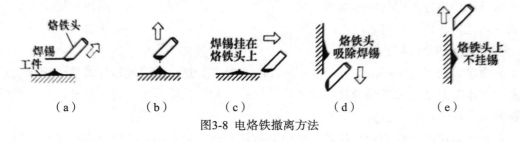

图3-8　电烙铁撤离方法

其中图3-8（a）电烙铁沿烙铁轴向45°撤离，焊点良好；图3-8（b）电烙铁向上撤离，焊点出现拉丝现象；图3-8（c）电烙铁沿水平方向撤离，焊锡挂在烙铁头上，导致焊点上的焊料稀少；图3-8（d）电烙铁垂直向下撤离，烙铁头吸除部分焊料，导致焊点上的焊料稀少；图3-8（e）电烙铁垂直向上撤离，烙铁头上不挂锡。掌握好电烙铁的撤离方向，可带走多余的焊料，从而能控制焊点的形成。为此，合理地利用电烙铁的撤离方向，可以提高焊接的质量。

在调试或维修工作中，不得已用烙铁头沾焊锡焊接时，动作要迅速敏捷，防止氧化造成劣质焊点。

（6）焊接后需要对焊点进行焊接质量检验。完成焊件焊接后，为了保证产品质量需要对焊点进行外观检验和电性能检验。外观检验可以通过目测焊点的外观质量及电路板整体的情况是否符合外观检验标准，检查各焊点是否存在漏焊、连焊、焊料拉尖、焊料飞溅，以及导线和元器件绝缘的损失等焊接缺陷。或者用手触摸元器件，对可疑焊点也可以用镊子轻拉引线，进而减少虚焊、假焊对电路的影响。同时，还要检查有无导线断线、焊盘剥离等缺陷。当焊点一次焊接不成功或焊锡量不够时，对于不合格的焊点需要重新焊接，先观察原焊点处的焊锡是否光亮，如已经发黑最好用吸锡器把原来的焊锡吸掉。

5. 常用自动化焊接方法简介

手工焊接是最基本的焊接方法之一，优点是成本低、技术要求不高，适用于小批量生产和DIY制作。对于电子产品大规模生产，常用的自动化焊接方法主要有波峰焊接、回流焊接、表面贴装焊接等。

（1）波峰焊接。

波峰焊接是一种高效、可靠的自动化焊接方法，常用于电路板的大批量生产焊接，主要应用于插件式元器件，如电阻、电容等。它采用波峰焊机将焊锡液体送到焊点上，再通过波峰喷嘴使焊锡凝固，形成稳定连接。

波峰焊接具有高效、牢固、精度高等优点，但要求焊点排列必须规整，焊锡液要求固化时间一致，对焊接设备工艺要求高，焊接过程中需要额外的预热步骤和对温度的严格控制，同时设备成本高，不适用于小批量生产和DIY制作。

（2）回流焊接。

在回流焊接过程中，元器件不直接浸渍在熔融的焊料中，所以元器件受到的热冲击小；能在前导工序里控制焊料的施加量，减少了虚焊、桥接等焊接缺陷，所以焊接质量好，焊点的一致性好，可靠性高。

（3）表面贴装焊接。

表面贴装技术（Surface Mount Technology，SMT）是一种将元器件直接焊接在电路板表面的技术。其基本原理是通过精确的定位、粘贴和固化等步骤，将元器件快速、准确地贴装到电路板上的指定位置。

相比于传统的插件式组装技术，SMT具有体积小、质量小、可靠性高等优点，因此被广泛应用于电子产品制造领域。SMT所使用的无引线或短引线元器件能有效减小寄生电感及寄生电容存在的可能性，从而提高电路的高频特性，减少电磁和频射干扰。

SMT生产线采用自动贴片机，能够实现真正的生产自动化，大大提高了电子产品的生产效率，降低了成本。此外，SMT还有助于提高电子产品的集成度、可靠性和性能，但焊接强度可能不如波峰焊接。

随着科学技术的不断进步，SMT将会获得更好的发展，其在未来的发展趋势将会朝精细化、小型化道路前进。例如，表面贴装器件/表面贴装元件（SMD/SMC）的体积将会更小，产量会不断扩大；集成电路将实现SMT化并朝小型化方向发展；焊接技术将会更成熟；贴片设备及测试设备将会更加灵活、高效。

第五节　技能训练——电子产品手工焊接实践

一、实验目的

（1）了解电子产品焊接中合金焊料的特性和焊接方法。

（2）能使用手工五步焊接法焊接基本元器件。

二、工具与器材

（1）工具：电烙铁1只、斜口钳1个、镊子1个。

（2）器材：实训套件中各类电子元器件1套。

三、实训步骤

1．电路板的焊接

（1）焊接前的准备。

① 电路板和元器件的检查和处理。

在插装元器件前一定要检查和清理电路板的铜箔面和元器件引线上的涂料及金属氧化物。如只有几个焊盘氧化严重，则可用蘸有无水酒精的棉球擦拭。如果板面整个发黑，则建议不使用该电路板；若必须使用，可把该电路板放在酸性溶液中浸泡，取出清洗、烘干后涂上松香酒精助焊剂再使用。

电路板的铜箔面和元器件的引线都要经过搪锡，以利于焊料的润湿。搪锡，也就是预焊或镀锡，为使金属表面在随后的焊接中易于被焊料浸润而预先进行一次浸锡处理的方法，实际上搪锡是锡焊的核心。除少数有良好银、金镀层的引线外，大部分元器件在焊接前都要先去除氧化物，做好焊前清洁，然后搪上一层锡。

需要注意的是，操作者手中的油脂和手汗中的盐分等会腐蚀铜箔及引线，操作时必须小心。

② 元器件引线的成型。

焊接前要把元器件插装在电路板上，虽然电路板上的元器件插孔是根据元器件的具体形状安排的，但在元器件插上去的时候还需做一些调整，也就是元器件引线成型的方法，如图3-9所示。图中数字的单位均为mm。

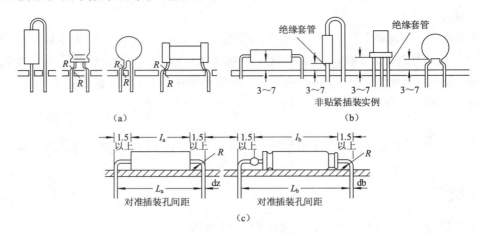

图3-9　元器件引线的成型

注：（a）垂直插装时元器件引线的成型方法；（b）非贴紧插装实例；（c）引线的基本成型方法

元器件在电路板上的排列和插装有两种方式，一种是立式，另一种是卧式。元器件引线弯成的形状应根据焊盘孔的距离不同而加工成型。卧式插装是将元器件紧贴电路板插装，元器件与电路板的间距应大于1mm，它的优点是稳定性好、比较牢固、振动时元器件不易脱落。立式插装的特点是密度较大、占用电路板的面积少、拆卸方便。电容、三极管、DIP系列集成电路多采用这种方法。

③ 元器件的插装。

把元器件插装到电路板上时，要小心避免损坏电路板及元器件。

元器件的插装方向要注意极性方向，且有利于读出元器件上的标记，以便于维修和检查。元器件一般紧贴电路板插装，也有些是非紧贴电路板插装的，例如，发热量大的元器件，垂直插装电阻、二极管等轴向引线的元器件，元器件引线的间距与插件孔间距不一致的，因焊接的热冲击可能导致电性能损坏的结构上不能紧贴插装的元器件。非紧贴插装时，元器件与电路板之间的距离为3～7mm。

元器件插装后引线的打弯和剪断。安装座（焊盘）与铜箔电路是连通的，原则上沿电路方向打弯固定，留出2～3mm长，然后用斜口钳剪断。只有安装座（焊盘）而无铜箔电路的，应朝其他电路空间大的方向打弯，原则上留出安装座的外周1mm以内剪断。有些元器件的引线是无须打弯、可直接剪断的，注意焊接时不要脱落。

（2）焊件的装配和加热焊接。

把待焊的元器件按要求组装好，进行加热焊接。在大批量工业生产中，装配和焊接都是由自动生产线完成的；对于数量少的或进行调试和维修的电子产品往往都由手工进行。

一般进行电路板焊接时应先焊较低的元器件，后焊较高的元器件和要求比较高的元器件（从小到大，从低到高）。电路板上的元器件都要排列整齐，同类元器件要保持高度一致，保证焊好的电路板整齐、美观。

电烙铁焊接电路板，首先要注意温度、热容量及时间。烙铁头的温度最好保持在250～300℃，功率在20～40 W，焊接的时间不宜过长。电烙铁的功率过大，焊接时间过长会引起电路板起泡、焦糊、铜箔起皮，还可能致使铜箔熔解消失。其次是烙铁头的形状应不损伤电路板，头部形状为改锥头形的圆角，宽度不小于1 mm，注意及时修锉，千万不要锉成针状。焊接时，用大拇指、食指、中指像拿笔一样拿住电烙铁，对铜箔电路和引线同时进行加热，如图3-10所示，手要稳定，且能自由调整接触角度、接触面积、接触压力，目的是使两块金属均匀、快速受热。最后，当铜箔和引线都达到焊料熔化温度时填充焊料，如图3-11所示。

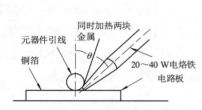

图3-10　电路板焊接中电烙铁的接触方式

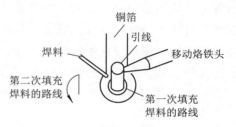

图3-11　焊料的填充方法

焊料填充不宜过多，尤其是当内部温度不够、散热慢时，否则不仅容易损坏元器件（如晶体管），还会造成虚焊，同时还会影响到电路的分布电容。如果焊料填充过少，则会导致焊不牢。焊料量正好时，能将焊点上的零件脚全部浸没，但其轮廓又能隐约可见。焊好后，电烙铁的移开速度一定要快，电烙铁移出的方向，取决于焊盘的形状及焊点的具体结构，要灵活掌握。需要注意的是，电烙铁移出后，焊锡还不会立即凝固，要等一会儿才能放掉手握的元器件，以及接触元器件的钳子、镊子等。否则，焊锡还未凝固时移动零件。焊锡会凝成砂状或附着不牢造成假焊。

晶体管及集成块一般最后焊接，在焊接时，可用镊子等工具夹住引线焊接，如图3-12所示，可避免晶体管、集成块受热时间过长，并可散热，减少烧坏的概率。晶体管及集成块的焊接时间应尽可能短一些。

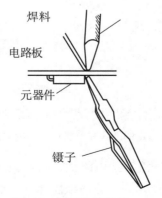

图3-12　镊子协助散热

电烙铁在焊接电路板时，不要使劲用电烙铁擦焊盘或下压焊盘。不要在一点停留长时间加热不动，对散热性差的元器件，要使用散热工具（如镊子等）。

（3）焊接检验。

元器件在焊接完成后需要进行一定的处理。

① 剪去多余引线。

② 检查电路板上所有元器件引线的焊点，看是否有漏焊、虚焊的现象，如果有，则需进行修补。焊点的外观和形状如图3-13所示，对于焊好的电路板首先进行外观检验，观察是否有以下缺陷：电路板焦糊、起泡，铜箔电路划伤、焊伤开路，铜箔翘起、剥离。然后检查焊点处焊料漫流是否均匀，焊点是否有光泽、平滑，焊料量是否合适，焊接处焊料有无裂纹和针孔。另外，还要注意有无漏焊、焊料拉尖、焊料引起导体间短路、绝缘体划伤、发热体与导线绝缘皮接触等现象，注意布线是否整齐，有无焊料飞溅，线头位置是否恰当。外观检验后，用镊子轻拨、轻拉元器件，检查是否有导线脱出、导线折断、焊料剥离、元器件松动等现象。特别要注意焊料有无桥接、拉尖、堆焊、空洞等现象。

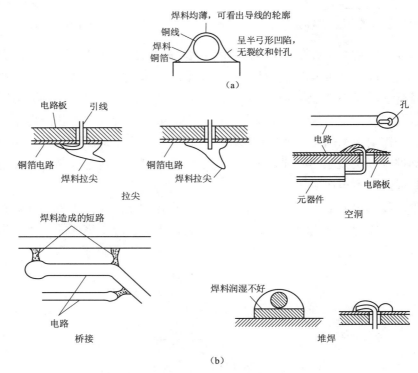

图3-13 焊点的外观和形状

注：（a）良好焊点的外观和形状；（b）缺陷焊点的外观和形状

③ 根据工艺要求选择清洗液清洗电路板，一般情况下使用松香焊剂的电路板不用清洗，但是松香残留物可能会导致元器件的绝缘性降低，可以常用无水酒精把焊剂清洗干净，以免腐蚀电路板。

（4）焊接缺陷修复。

对发现的焊接缺陷要及时修复、补焊。个别地方需要拆除元器件进行重焊的，拆除时可用焊料吸除器清除焊料，拆除后重装，更换元器件后重新对引线进行清理、搪锡、插装、焊接、检验。对焊接好的电路板进行清理，清除污垢、残渣。总之，焊接是一种实际操作技能，需要在实践中多加练习、体会，最后熟练掌握使用，使焊接出来的焊点光滑、美观，成品性能优异。

2. 导线焊接

（1）焊前处理。

焊前处理主要是去除绝缘层。

① 单股导线，也就是常说的硬线，一般用斜口钳或剥线钳剥去绝缘层。

② 多股导线，也就是常说的软线，绝缘层内有多根细的芯线，一般用剥线钳去掉绝缘层，接着需要把多股导线的线头进行捻头处理，即按芯线原来的捻紧方向继续捻紧，使其成为一股。也可以在剥除绝缘层时，按芯线原来捻紧的方向边拽边拧。

③ 同轴电缆，一般也称为屏蔽线，它具有四层结构，端头处理时，首先剥掉最外面的绝缘层，接着把露出的金属编织线根部向外扩成线孔，并把编织线捻紧成一个引线状，剪掉多余部分，然后把剥出的一段内部绝缘导线切除一部分绝缘体，露出导线。

（2）预焊。

剥去绝缘外皮的导线端部要立即进行预焊，导线端头预焊的方法同元器件引线预焊一样，但注意导线挂锡时要边上锡边旋转，旋转方向与拧合方向一致。烙铁头工作面放在距离露出的裸导线根部一定距离处加热，挂锡导线的最大长度应小于裸线的长度。

（3）焊后处理。

在对铜制导线、电缆、电机、变压器等进行焊接时，为了去除氧化膜，通常都使用含卤族元素的盐类作为焊剂。这类焊剂残余对母体造成的电化腐蚀和化学腐蚀会将导体一层一层地腐蚀掉，特别是焊接多股芯线电缆时，焊剂将沿着芯线间的孔隙，依靠毛细现象向电缆内部渗入，造成所谓的蚀芯现象，所以焊后必须进行清洗。通常是在焊后立即用沸水清洗，多芯电缆要清洗较长时间（约5分钟），然后用干净的热水漂净。

四、安全注意事项

（1）进入工作场地必须穿工作服或紧袖夹克服和长裤，热天可以穿短袖衫，但不能穿背心（无袖的都属于背心类）、短裤（包括五分裤、七分裤和九分裤）和裙子。

（2）不得穿拖鞋、凉鞋和高跟鞋进入实习场地。

（3）实习期间，长发学生必须束起头发。

（4）进入实习场地不得大声喧哗、嬉戏打闹、戴耳机听音乐和看与实习无关的书籍。

（5）切实执行实验室安全操作的有关规定，爱护仪器设备。

（6）上课时认真听指导教师的讲解和示范，并做好笔记。

（7）在教师没有讲明以前不得随意乱动设备上的按钮、手柄、电源开关等。

（8）电烙铁使用前请检查连接导线、插头是否完好，做好绝缘措施。如发现破损老化应及时更换。

（9）检查电烙铁是否完好、可用。

（10）保持手部干燥、操作桌面整洁。

（11）使用工具时，如出现受伤状况请立即报告指导教师，立即进行相应处理。

（12）学习结束后，请将工具摆放整齐，保持场地的卫生整洁。

思 考 题

1．焊下列焊件应选用的电烙铁：

（1）一般电路板_____。

（2）直径2mm的导线与接线板焊片_____。

（3）集成电路引脚_____。

（4）2mm厚铜牌上焊导线 _____。

A．20W 内热式　　　　　B．30W 外热式　　　　C．50W 内热式

D．100 W 内热式　　　　E．300W 外热式

2．正确的手工焊接方法是_____。

A．用电烙铁粘上锡后接触焊件，让焊锡流到焊点上

B．用电烙铁加热焊件，达到熔化焊锡温度时再用焊锡填充

3．如果某个元器件焊不上，可以_____。

A．多加助焊剂　　　　　B．延长电烙铁加热时间

C．清理引线表面，认真搪锡后再焊

4．助焊剂的作用是_____。

A．去除油污　　　B．去除氧化物　　　C．除锈

5．电烙铁摔打、敲击容易使内部_____损坏，造成_____的后果。

6．电子焊接常用的焊锡牌号为_____，成分为Sn_____%，Pb_____%，熔点为_____，凝固点为_____。

7．五步法焊接的关键在于先使_____加热到焊锡熔点，然后在焊点上加_____，最后撤离_____，在_____保持焊件为静止状态。

8．电子产品对锡焊技术有何要求？

9．简述元器件焊接的注意事项。

第四章　电子产品装配工艺实训

学习任务与要求
（1）掌握常用电子产品的装配方法。
（2）掌握电子产品的调试与维修方法。
（3）具备正确使用工具完成电子产品参数测量的能力。
（4）具备将理论知识应用于实践的能力。

第一节　收音机的组装与调试

3V低压六管超外差式调幅收音机具有安装调试方便、工作稳定、声音洪亮、省电等优点。它由输入电路、变频级、中放级、检波级、低频放大级和功率放大级等部分组成，其接收频率范围535kHz～1605kHz的中波段信号。通过收音机散件的组装过程学习电子技术在实际中的应用，同时还可以掌握电子产品的安装工艺和调试技术。

一、收音机的组装

1. 元器件的选择

可变电容CA、CB采用CMB-223型的密封双联。

磁性天线采用5mm×13mm×55mm的中波扁磁棒，初级线圈用线径0.17mm的漆包线绕100圈，次级线圈用同规格的线绕10圈。

T2是振荡线圈，型号为LF10-1（红色）。T3、T4是中频变压器（也叫中周），它的初级线圈有三根引线，次级线圈有两根引线，线圈绕在I型磁芯上，磁芯外面有磁帽，调节磁帽可以改变线圈的电感量。中周外面有金属屏蔽外壳，把外壳接地，可以减小互相干扰。T3是第一级中放用中周，型号为TF10-1（白色），T4是第二级中放用中周，型号为TF10-2（黑色）。T2、T3、T4在出厂前均已调在规定频率内，装好磁性天线后可以不用调。T5是输入变压器，型号是E14，有六个引出脚，线圈骨架上有凸点标记的为初级。

VT1～VT4是高频小功率三极管，VT1选用低 β 值为40～100的三极管；VT2、VT3选用中 β 值为80～180的三极管；VT4选用高 β 值为120～270的三极管。VT1～VT3的型号一般为9018，VT4的型号一般为3DG201或9014；VT5、VT6选用9013H型三极管，请不要与VT1～VT4相混淆。

电容要求容量准确，C1、C2、C4、C5、C7一般选用瓷片电容，C3、C6、C8、C9选用电解电容，耐压值一般不低于6V，绝缘电阻的值要小。

电阻采用同规模的碳膜电阻，误差在±5%以内。

元器件清单如表4-1所示。

表4-1 元器件清单

名称	型号规格	位号	数量	名称	型号规格	位号	数量
三极管	9018	VT1、VT2、VT3	3只	瓷片电容	103、682	C1、C2	各1
三极管	3DG201或9014	VT4	1只	瓷片电容	223	C4、C5、C7	3只
三极管	9013H	VT5、VT6	2只	双联电容	CMB-223型	CA、CB	1个
发光二极管	Φ3mm（红）	LED	1只	收音机前盖		K	1个
磁棒线圈	5mm×13mm×55mm	T1	1套	收音机后盖			1个
中周	红、白、黑	T2、T3、T4	3个	刻度尺、音窗			各1
输入变压器	E型六个引出脚	T5	1个	双联拨盘			1个
扬声器	Φ58mm	BL	1个	电位器拨盘			1个
电阻	100Ω	R6、R8、R10	3只	磁棒支架			1个
电阻	120Ω	R7、R9	2只	电路板			1块
电阻	330Ω、1.3kΩ	R11、R2	各1只	说明书			1张
电阻	30kΩ、100kΩ	R4、R5	各1只	电池正负极簧片			1套
电阻	200kΩ、120kΩ	R1、R3	各1只	连接导线			4根
电阻	5kΩ	RP	1个	耳机插座	Φ2.5mm	J	1个
电解电容	0.47μF	C6	1只	双联及拨盘螺丝	Φ2.5mm×5mm		3粒
电解电容	10μF	C3	1只	电位器及拨盘螺丝	Φ1.6mm×5mm		1粒
电解电容	100μF	C8、C9	2只	自攻螺丝	Φ2mm×5mm		1粒

2. 超外差式收音机的安装

本机的电路板如图4-1所示。电路板上有元器件安装面和覆铜焊接面之分。一般将元器件安装面称为正面，覆铜焊接面称为反面。正面上的各个孔位都标明了应安装元器件的图形符号和文字符号，只需按照电路板上标明的符号，再通过电路图或元器件清单查找其规格，将相应的元器件对号入座即可。

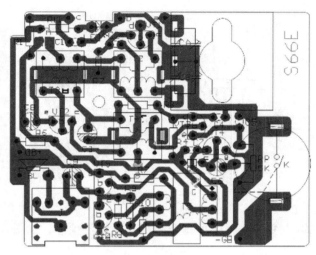

图4-1　电路板

安装工艺的具体要求：安装时先装低矮或耐热的元器件（如电阻），然后再装大一点的元器件（如变压器），最后装怕热的元器件（如三极管）。

（1）电阻的安装。将电阻的阻值选择好后根据两孔的距离来弯曲电阻的引脚，可以采用卧式紧贴安装法，也可以采用立式安装法，注意两者的合理应用，如图4-2所示。

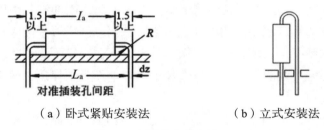

（a）卧式紧贴安装法　　　　　（b）立式安装法

图4-2　电阻的安装方法

（2）瓷片电容和三极管的引脚的长度要适中，不要剪得太短，也不要留得太长，其安装高度不要超过中周的高度。安装瓷片电容，注意电容值的区分；安装电解电容，要注意正负极，电解电容紧贴电路板立式安装焊接，如果太高就会影响后盖的安装，如图4-3所示。三极管安装的高度不高于最高的电解电容的高度，如图4-4所示。

（a）电解电容紧贴安装法　　（b）瓷片电容安装法

图4-3　电容的安装方法

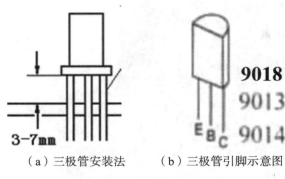

（a）三极管安装法　　　（b）三极管引脚示意图

图4-4　三极管的安装方法

（3）安装中周和输入变压器，注意每个中周的顺序及颜色，如图4-5和图4-6所示。

图4-5　中周的安装说明

中周三只为一套，其接线图见电路板图。T2为振荡线圈的红色中周、T3为第一级中放用的白色中周、T4为第二级中放用的黑色中周，它们之间千万不能弄混。三只中周在出厂前均已调在规定的频率上，装好后只需微调甚至不调，一定不要调乱。其中，中周外壳除起屏蔽作用外，还起导线的作用，所以安装中周时外壳必须焊接在相应处，做到可靠的接地。

T5为输入变压器，线圈骨架上有凸点标记的为初级，电路板上也有圆点作为标记，其接线图在电路板上可以明显看出，安装初、次级线圈时不要装反。

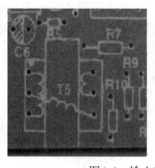

图4-6　输入变压器的安装说明

（4）磁棒线圈的四根引线如图4-7所示，直接用电烙铁配合松香芯焊锡丝来回摩擦几次即可自动上锡，四个线头对应地焊在电路板的铜箔面。

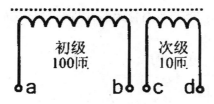

图4-7 磁棒线圈示意图

（5）由于调谐用的双联拨盘安装时离电路板很近，所以在它的圆周内的高出部分的元器件引脚在焊接前先用斜口钳剪去，以免安装或调谐时有障碍。

（6）发光二极管的安装。请先将发光二极管装在电路板上，管弯曲成型后再将电路板装在机壳上，将发光管对准机壳上的发光管的孔后再来焊接。

（7）耳机插座的安装。焊接时速度要快，以免烫坏插座的塑料部分而导致接触不良。

（8）扬声器的安装。将信号线的一端焊接在扬声器上，另一端焊接在电路板的相应位置上。扬声器安放挪位后再用电烙铁将周围的三个塑料桩子靠近扬声器边缘烫下去，把扬声器压紧以免其松动。

总之，装配焊接过程中我们应当特别细心，不可有虚焊、错焊、漏焊等现象发生，元器件安装完成后如图4-8所示。

图4-8 收音机装配示意图

初学者比较容易犯的错误主要有以下几点。

（1）电阻色环认错。色环中的红色、棕色、橙色容易混淆，在不能确定时，请用万用表检测其电阻值。

（2）将电解电容和发光二极管等有极性的元器件焊反。电解电容的长脚为正极，短脚为负极，其外壳圆周上也标有"-"号，靠近"-"号的那根引线是负极。发光二极管的长脚为正极，短脚为负极，将管体透过光线来看，电极小的那根引线是正极，另一根引线是负极。

（3）中周、振荡线圈弄混。振荡线圈T2的磁帽是红色的；T3是第一中周，磁帽是白色的；T4是第二中周，磁帽是黑色的，千万不能弄混它们。

（4）输入变压器T5装反。T5的线圈骨架上有凸点的一边为初级，电路板上也有圆点作为标记，将它们一一对应即可。

（5）磁棒线圈的末端未上锡就焊接。

二、收音机的工作原理

1. 音频信号的无线传输

无线电广播所传递的信息是语言和音乐。人耳能听到的声音频率范围为20Hz～20kHz，通常把这一范围的频率，称为音频，有时也称为声频，而声波在空气中的传播速度很慢，约340m/s，而且衰减很快。因此，一个人无论怎样尽力高喊，他的声音也不能传得很远。为了把声音传到远方，常用的方法是把它变成电信号，然后再设法把这个信号传送出去。

把声音变为电信号一般是由话筒来实现的。当发话人对着话筒说话时，话筒就输出相当的电压，但这个电压很小，通常只有几毫伏（mV）到零点几伏（V），需要用音频放大器加以放大，经过放大后的音频信号可以利用导线传送出去，再经耳机或扬声器恢复为原来的声音。这就是我们常说的有线通信或广播。

实际上，天线能够有效地将信号辐射出去，但要求其长度与信号的波长成一定的比例关系。因此低频无线电波如果直接向外发射，则需要足够长的天线，而且能量损耗也很大。声音的频率约为20Hz～20kHz，要制造出与此尺寸相当的天线是很困难的。因此，无线电广播要借助高频电磁波才能把低频信号携带到空间中去。

通过物理学的电磁现象可以知道，在通入交流变化电流的导体周围会产生交流变化的磁场，交流变化的磁场在其周围又会感应出交流变化的电场，交流变化的电场又在其周围产生交流变化的磁场，这种变化的磁场与变化的电场不断交替产生，并不断向周围空间传播，就形成了电磁波。

电磁波的频率范围很宽，常见的可见光，看不见的红外线、远红外线、紫外线、各种射线及无线电波都是频率不同的电磁波。

无线电波是电磁波中波长最长的部分，不同频率的无线电波的特性是不同的。无线电波按波长不同可分为长波、中波、短波、超短波等。不同的波段有不同的用途。

长波（低频）的频率范围为30～300kHz，用于大气层内中等距离通信、地下岩层通信、海上导航等。

中波（中频）的频率范围为300kHz～3MHz，用于中波广播和海上导航等。

短波（高频）的频率范围为3～30MHz，用于远距离短波通信和短波广播等。

超短波（甚高频）的频率范围为30～300MHz，用于电离层散射通信、人造电离层通信、对大气层内或外空间飞行体（飞机、导弹、卫星）的通信、电视、雷达、导航、移动通信等。

无线电广播利用高频的无线电波作为"运输工具"，首先把所需传送的音频信号"装载"到高频信号上，然后再由发射天线发送出去。在接收端，需要将信号从载波上"卸载"下来。这一过程称为调制与解调，信号的传输过程如图4-9所示。这样，天线尺寸可以比较小，不同的电台也可以采用不同的高频振荡频率，使彼此互不干扰。

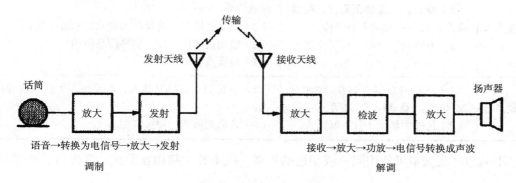

图4-9 信号的传输过程

将低频有用信号加载到高频载波上去的过程称为调制，调制的方式主要有三种：一是幅度调制（调幅），简称AM；二是频率调制（调频），简称FM；三是相位调制（调相），简称PM。目前在无线电广播中采用较多的两种调制方式为幅度调制、频率调制。

幅度调制产生调幅波，频率调制产生调频波，如图4-10所示。高频波的幅度随音频信号而变化，称为调幅波，调幅波的包络线形状和音频信号波形相同。高频波的频率随音频信号而变化，称为调频波。两种调制方式的优缺点如表4-2所示，由于调幅波的接收设备很简单，一般普通中波和短波广播都是应用调幅广播的。调频波抗干扰能力强，用于高质量的广播，比如电视广播中的伴音、立体声广播等。

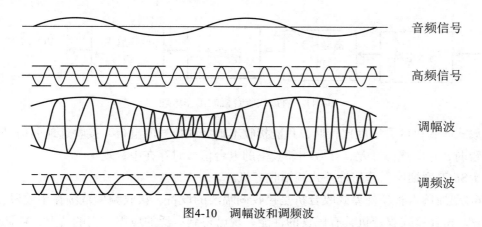

图4-10 调幅波和调频波

可见，调制信号就是高频载波和音频信号二者按照某种规律的合成体。

表 4-2 调幅和调频的优缺点

项目	调幅（AM）	调频（FM）
优点	（1）波长长，传播距离远，覆盖面大，适合省际电台的广播； （2）电路相对简单，价格便宜	（1）传送音频频带较宽（100Hz～5kHz），适宜于高保真音乐广播； （2）抗干扰性强，内设限幅器除去幅度干扰； （3）应用范围广，用于多种信息传递； （4）可实现立体声广播
缺点	（1）传送音频频带较窄（200～2500Hz），高音缺乏，音质较差； （2）传播中易受干扰，噪声大	（1）波长短，传播衰减大，容易被高大建筑物等阻挡； （2）传播距离短，覆盖范围小

不同地区或城市可使用同一或相近的频率，而不致引起相互干扰，并提高了频率利用率。

2. S66D 型六管超外差式调幅收音机的原理

解调就是调制的逆过程，收音机就是一个解调器，它的基本任务是将空间传来的无线电波接收下来，并把它还原成原来的声音信号。

（1）直放式收音机的工作原理，如图4-11所示。

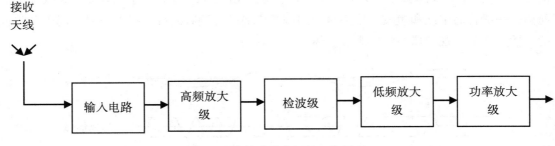

图4-11 直放式收音机的工作原理

直放式收音机的灵敏度比较低，只能接收本地区强信号的电台，接收远地弱信号电台的能力较弱，它的选择性差，接收相邻频率的电台信号时存在串台现象。

（2）S66D型袖珍六管超外差式调幅收音机。

S66D型袖珍六管超外差式收音机是接收调幅波的设备，接收频率范围在中波段535～1605 kHz，超外差式收音机具有优良的性能，现已得到广泛的应用，它的特点：被调谐收音的信号，在检波之前，不管其电台频率（即载波频率）如何，都换成固定的中频频率（我国是465 kHz），再由放大器对这个固定的中频信号进行放大，这样就解决了对不同频率的电台信号放大不一致的问题，使收音机在整个频率接收范围内灵敏度均匀。同时，由于中频信号既便于放大又便于调谐，所以超外差式收音机还具有灵敏度高、选择性好的特点。

超外差式收音机的工作原理图如图4-12所示。

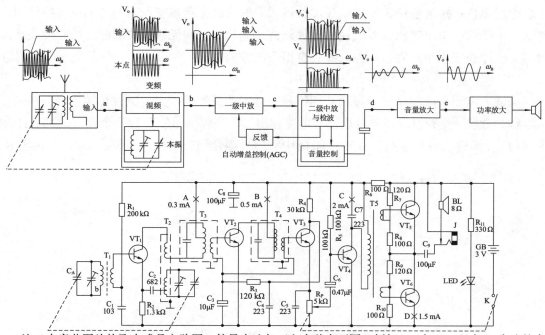

注：本章节图片均取自成品电路图，符号表达与正文中稍有不同。例如，T₁与T1，R₁与R1表达的意思相同。

图4-12　超外差式收音机的工作原理图

1）输入电路

输入电路如图4-13所示。输入电路由双联可变电容的CA和T1的初级线圈组成，是一个并联谐振电路，T1是磁性天线线圈，从天线接收进来的高频信号，通过输入电路的谐振选出需要的电台信号。线圈L1，可调电容CA、Cq组成输入调谐回路。调整Cq，可以使输入回路和振荡回路的性能得到改善。CA和L1组成谐振回路，因为CA为可调电容，所以这种谐振回路又称调谐回路。

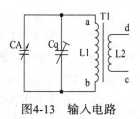

图4-13　输入电路

在CA以容量从大到小的变化中，可使谐振频率从最低535kHz到最高1605kHz内连续变化，当外来信号的某一电台频率与调谐电路的谐振频率一致时，调谐电路发生谐振，通过L1、CA串联回路进行选频谐振，抑制非调谐频率的信号。使 $f_0 = 1/(2\pi\sqrt{LC})$ 的信号在L1上最大，通过磁耦合传递到L2两端，加到三极管VT1 输入端，作为输入信号。

输入电路的主要作用：一是选择电台，二是频率覆盖。对于中波段，L1为定值，只调节CA，当CA全部动片旋入，容量最大时，应使L1、CA的谐振频率为535kHz；当CA全部动片旋出，容量最小时，应使L1、CA的谐振频率为1605kHz，这样才能满足收听中波段全部电台的要求。

半导体收音机的线圈都是绕在磁棒上的，称为磁性天线。中波磁棒为锰锌铁氧体材料，一般涂成黑色；短波磁棒为镍锌铁氧体材料，一般涂成棕色或灰色。两者不可互换使用，否则效率降低。由于磁棒具有较强的磁导能力，能聚集空间无线电波的磁力线，使灵敏度提高。磁棒必须水平放置。磁性天线具有很强的方向性。

2）变频级

从输入电路送来的是一个高频调幅信号。这里的高频信号只起运载音频信号的作用，所以称为载波。变频级的任务是把输入电路选出来的高频信号转变为一个固定的465kHz的中频信号，然后把载有音频信号465 kHz的中频信号耦合到中放级。变频电路如图4-14所示。

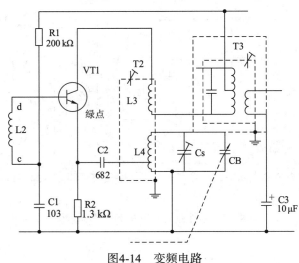

图4-14　变频电路

为了完成变频的任务，变频电路必须具备两部分电路：本机振荡电路和混频电路。

（1）本机振荡电路。T2是振荡线圈，也称高频变压器，对于变压器来说，只要初级线圈有一个变化的电流（交流电或稳定直流在接通的一瞬间），在次级线圈上就产生一个变化的电压，在收音机接上电源的瞬间变频管VT1的集电极电流从零增加到一定的数值（如从0增加到0.6 mA），在这一瞬间，这个变化的电流流过L3，通过L3和L4的互感作用，在由L4、CB、Cs组成的振荡回路中，便产生了感应电流，导致这个振荡回路产生电振荡（本机振荡），在回路的两端就形成了振荡电压，通过C2的耦合作用，加到三极管VT1发射极，于是形成了输入振荡电流I_b，I_b经过三极管的放大，便在集电极上产生一个放大了的振荡电流I_c，I_c通过L3和L4的互感作用，又在L4中产生振荡电流I_b，于是加强原来的高频振荡。如果反馈的能量能够补偿振荡回路的损耗，就会使振荡电路产生高频振荡。本机振荡电路，其频率稳定性非常重要。在此，振荡电路频率的稳定性和晶体管的动态稳定性有关。

L4上采用抽头的方式，目的是使Q值尽量高一些，这样既可使电路比较容易起振，又可使振荡稳定，抽头的位置，应按晶体管的输入输出阻抗近似值匹配的原则去选取。

CB为双联振荡联，它与输入电路的CA是同轴双联，它的振荡频率总是比输入电路的振荡频率（电台信号）高一个中频，即465kHz。调节振荡线圈T2的磁芯，可以改变低端的振荡频率，即CB旋到电容量最大时（全部旋进）的振荡频率，与CB并联的Cs称为振荡微调电容（俗称"补偿电容"），调节它的电容量可以显著地改变高端的振荡频率，即CB旋到电容量最小时（全部旋出）的振荡频率，其电容量的变化范围一般在5～20pF。

（2）变频电路的分析。变频级的任务是把输入电路选出来的高频信号变成一个465kHz的中频信号，外来的高频调幅信号经L2耦合到基极和发射极回路中，从集电极和发射极回路输出。而本机振荡回路的高频调幅振荡信号也加在发射极和基极回路中，从集电极和发射极回路输出。结果在集电极电流中包含外来信号和本机振荡两种频率。当这两种不同频率的信号在同一时间从基极进入三极管的输入回路以后，根据晶体管的非线性特性，就会在集电极中输出$f_外$、$f_振$、$f_振+f_外$、$f_振-f_外$等多种频率的混合信号，其中$f_振-f_外=465kHz$正是中放级所需要的中频信号。

为了选择出465kHz的中频信号，并同时衰减集电极中的其他频率信号，在集电极电路中并联了由第一中周T3的输入端组成的谐振电路，中周谐振于465kHz，使I_c中465kHz的电流在此两端产生很高的谐振电压，通过耦合电路耦合到次极，对于其他频率，由于它们的谐振阻抗很低，几乎没有电压耦合到次极。这样，就达到了选频的目的。

（3）变频管工作电流的选择。实验证明，I_c一般取300～500μA较好，此时振荡电压约为150～250mV，变频增益可达20dB以上，噪声也不大。

工作电流的数值靠调整偏流电阻R1的数值得到，应当指出，并非增加工作电流就能提高变频增益，因为变频工作依靠晶体管的非线性特性，若工作电流太大，管子就会工作于线性区域，完成不了变频或频率大大降低，因而变频增益也大大降低，噪声增加。

3）中频放大、检波、自动增益控制电路

中频放大、检波、自动增益控制电路如图4-15所示。

（1）中频放大电路。中频放大电路又称中频放大器，在超外差式收音机中非常重要，它决定了收音机的灵敏度和选择性，以及自动音量控制特性。

对中频放大电路晶体管及其工作点的选择：$I_c=500～800μA$。在图4-15中，T3、T4为中周，分别与电容并联，它们的谐振频率都调为465kHz，作为三极管VT1、VT2的集电极负载，因此，在频率为465kHz时阻抗最大，放大器的放大倍数也最高。从而，把从变频级输出端的多种频率中选出的所需中频信号进行放大。

（2）检波电路。检波又称为解调，是调制的反过程。在图4-15中，VT2工作于放大状态，而VT3静态工作点在截止区边缘，因此将调幅信号削去一半，然后由电容C4和C5将中频载波滤除，VT3既起检波作用，又对信号半周进行放大。VT3为射极跟随器，检波后的音频信号由其发射极电阻RP上输出。

（3）自动增益控制（AGC）电路。自动增益控制电路的作用是在收听强弱不同的电台时，使音量不发生明显地忽大忽小的变化。在图4-15中，R3是自动增益滤波电阻，C3是自动增益滤波电容。检波后，在R4和RP上输出的是交直流叠加量。当信号很强时，VT3的集电极电位下降，通过R3接到VT2和VT3的基极，使它们的基极电位下降，促使放大倍数下降，起到压低强信号，自动控制输出信号的作用。

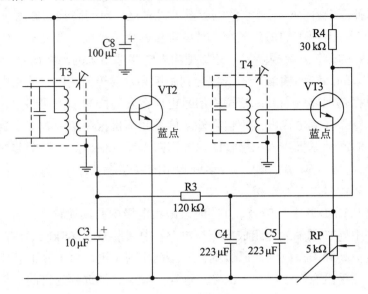

图4-15　中频放大、检波、自动增益控制电路

4）低频放大电路

低频放大电路和功率放大电路如图4-16所示。

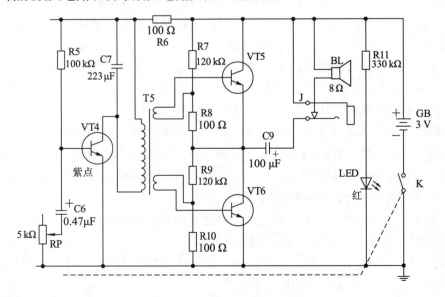

图4-16　低频放大电路和功率放大电路

检波滤波后的音频信号由电位器RP送到前置低放管VT4，经过低放可将音频信号电压

放大几十倍到几百倍，但是音频信号经过放大后带负载能力还很差，不能直接推动扬声器工作，还需进行功率放大。旋转电位器RP可以改变VT4的基极对地的信号电压的大小，可达到控制音量的目的。

5）功率放大器（OTL电路）

功率放大器的任务不但是要输出较大的电压，而且要输出较大的电流。本电路采用无输出变压器功率放大器，可以消除输出变压器引起的失真和损耗，频率特性好，还可以减小放大器的体积和重量。

VT5、VT6组成同类型晶体管的推挽电路，R7、R8和R9、R10分别是VT5、VT6的偏量电阻。T5为输入变压器，具有隔直、传交和转换阻抗的作用。C9是隔直电容，也是耦合电容。为了减少低频失真，电容C9选得越大越好。无输出变压器功率放大器的输出阻抗低，可以直接推动扬声器工作。

三、收音机的调试

按要求组装好收音机之后，在通电调试前，必须对安装的元器件位置、数值进行全面的校对，对照电路图认真检查元器件有无错焊、漏焊的地方，焊点之间有没有短路现象，元器件引线之间有无相碰短路现象等，对其线圈类的器件要用万用表进行通断检查，也可以用万用表判断三极管的好坏，然后再对其进行调试。一台不经过调试的收音机可能收不到电台或声音很小，要提高收音机的灵敏度、选择性和收听频率范围，必须经过调试。

1. 静态调试——调整各级三极管的静态工作点

首先将电位器开关关掉，装入电池（注意极性），万用表表笔跨接在电位器开关的两端（黑表笔接电池负极、红表笔接开关的另一端），若电流指示小于10 mA，则说明可以通电测试断点电流。

电路原理图中有"X"的地方为电流表接入处，电路板上留有四个测量电流的缺口，将电位器开关打开（音量旋至最小即测量静态电流），用万用表合适档位分别测量A、B、C、D四个测试点的电流，理论参考值为：

$$I_A \approx 0.3\text{mA}, \quad I_B \approx 0.5\text{mA}, \quad I_C \approx 2\sim5\text{mA}, \quad I_D \approx 1\sim3\text{mA}$$

若被测量电流与参考值接近即可连通四个断点，再把声音旋到最大，调节双联电容拨盘和改变磁棒的方向，此时应该能收听到电台的声音。但每台设备所使用的元器件参数略有差异，因此四个电流测试点的数值稍有不同，可以进行理论计算，后续会进行介绍。

如果四个测试点的电流不正常则需要进行排故和维修。在元器件完好的情况下，电流不正常的原因可以从以下几点进行考虑：

① 首先检查是否有短路，其次检查是否有虚焊；

② A点无电流。天线线圈a、b点与c、d点交叉焊，导致VT1的$I_b = 0$，VT1截止；

③ A点有电流、B点无电流。注意VT2和VT3的I_b，其电流都是通过R4和R3提供的，首先检查电阻是否正常，其次检查其他方面；

④ 若A、B、C三点都无电流，则很可能是某元器件与中周接触而导致短路；

⑤ D点无电流。VT5、VT6的基极电流通过R7、R8、R9、R10获得，若电阻无误，变压器和C9的安装错误都会影响D点电流。

总之，在检查静态工作点电流时，应看懂电路图的直流通路，紧紧抓住I_b，因为S66D型袖珍收音机的三极管是电流型驱动，三极管VT1～VT6都是NPN型，如果基极电流I_b为零三极管就截止，则集电极电流I_c也为零。另外，还要考虑其他一些原因。

若四点的静态工作点电流基本符合要求，在焊好四点后，检查信号通路（即交流通路）。

若元器件安装正确，焊接也没有问题，一般装上电池就可以接收到电台的播音。如果听不到就从后往前逐级检查，先从低放级开始，用手捏住螺丝刀的金属柄去碰音量电位器的中点，注入人体感应信号，如果扬声器有声音，则说明低放级以后没有问题，再依次去碰中放级和变频级的三极管的基极，越往前声音越大，哪一级无声，问题就出在哪一级。同时，检查变频电路是否起振。用万用表的电压档测量电阻R2的两端，应有1V左右的电压；这时用镊子短路可变电容振荡联两端，电阻R2两端的电压应有一点（约0.1V）下降。

在有本机振荡和中周正常的情况下，信号通路异常的原因大致有以下几种：

① 天线线圈a、b、c、d四点，由于线圈头的漆没有去除产生的假焊，天线接收的信号不能进入VT1；

② 扬声器与耳机插座是并联连接的，由于耳机插座的虚焊或短路，造成声音信号不能经过扬声器；

③ 由于可变电容的焊片比较大，焊接时产生假焊，造成没有LC振荡；

④ 中周的引脚和音频变压器的引脚，都是固定在塑料支架上的，由于焊接时间过长，导致引脚脱落，信号不能通过；

总之，在检查信号通路时，情况相对直流通路要复杂一些，一方面是元器件的质量，如中周的谐振频率不对、三极管的放大倍数不符合要求等；另一方面是锡焊质量，如虚焊、不该连接的焊点之间连接了、焊接时间过长、元器件损坏等，这些都可能引起信号通路故障。

如果第一步测量静态工作点的总电流大于15mA，则应立即停止通电，检查故障原因，过大或过小都反映装配中有问题，应该重新仔细检查。

如果各元器件完好，安装正确，初测正确，即可试听。注意在此过程中不要调中周及微调电容。

2. 调整中频频率

调整中周的磁帽，使它谐振在465kHz上，这个过程也称为调中周。调中周的工具应该使用无感螺丝刀，调中周最好使用高频信号发生器，使高频信号发生器输出465kHz的中频信号，用1kHz音频调制，调制度选30%。首先，将本机振荡回路用导线短路，使它停振，以避免造成对中频调试工作的干扰。然后，将双联可变电容调到最大值（逆时针旋到底）。打开收音机的电源开关K，将音量电位器RP旋到最大，信号发生器的输出头碰触VT2的基极，调整T4使扬声器发出1kHz的响声最响。然后由后级往前级，从基极输入信号，仅调整T3、T4，使扬声器发出的声音最响，中频就调整好了。

如果没有高频信号发生器，也可以利用一台成品收音机作信号源。从成品收音机的第二中周的次级（检波之前）焊出一根导线，串联一个0.01μF的电容作为中频输出端头，成品收音机调准一个电台，音量电位器旋到最小位置，测试调整方法同上。这步调试完后，将使本机振荡器停振的短路线去掉，以便进行下一步的调试工作。

3. 调整频率范围

调整频率范围也叫调整频率覆盖。它是通过调整本机振荡线圈T2和振荡回路的补偿电容来实现的。

实践中所用的收音机接收频率范围为中波段535kHz到1605kHz，也就是要求双联可变电容全部旋入时能接收535kHz的信号，旋出时能接收1605kHz的信号。

在调整中要装好刻度盘，首先在低端选一个广播电台，例如，武汉交通广播电台603kHz的广播，调振荡线圈T2（红色）的磁芯，收到这个电台，并调到声音较大。如果刻度盘指针位置比603kHz低，则说明振荡线圈的电感量不足，可将振荡线圈的磁帽旋进一点；反之，可以把振荡线圈的磁帽旋出一点，直到指针的位置在603kHz处收到这个广播电台。

然后在高端选一个广播电台，例如，武汉楚天广播电台1179kHz，如果指针的位置不在1179kHz处，则要调整振荡回路中的补偿电容Cs，直到指针的位置在1179kHz处收到这个广播电台为止。

在调频过程中，由于高、低端的频率在调整中会互相影响，所以低端调电感磁芯，高端调电容的工作要反复做几次才能调准。

4. 跟踪统调

统调也叫调灵敏度。统调的目的是使本机振荡频率始终比接收信号高一个固定频率465kHz，同时天线线圈谐振在电台频率上，要达到整个频段处处如此是比较困难的，目前只有高端、中端、低端三点达到上述要求。我们通过调节输入电路的磁性天线和微调电容，使输入电路在三点上比本机振荡频率低465kHz，实现三点跟踪，收音机灵敏度达到最高。中间一点的跟踪是设计电路时应予以保证的，实际上只需要调整低、高两点即可。

先在低端接收一个广播电台，如603kHz的广播，移动磁性天线线圈T1在磁棒上的位置，使扬声器的声音最响，低端统调就算初步完成了。再在高端接收一个广播电台，如1179kHz的广播，调整输入调谐回路中的补偿电容即微调电容Cq，使扬声器的声音最大，高端统调就算初步完成了。由于高、低端相互影响，因此要反复调整几次，才能完成统调。

四、收音机静态工作点的计算

在收音机原理图中，有A、B、C、D四个断点用于测试相应模块的直流电流，我们可以运用类比分析法计算出每点的直流电流理论数值。以计算A点静态工作点为例。

在直流通路中电感相当于通路，电容相当于断路，VT1的直流通路如图4-17所示。

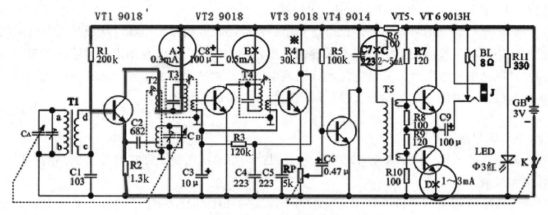

图4-17　VT1的直流通路

因此分析得出，VT1三极管组成了共集电极电路，如图4-18所示。

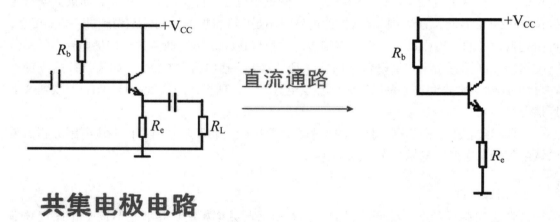

共集电极电路

图4-18　共集电极电路直流通路

输入回路和变频电路的直流通路如4-19所示。共集电极静态工作点理论直流电流值的计算：

$I_{BQ}=（V_{CC}-V_{BEQ}）/（R_b+（1+\beta）R_e）$

$I_{CQ}=\beta I_{BQ}$

$\because I_{CQ}=\beta I_{BQ}$

$\therefore I_{EQ}\approx I_{CQ}$

$（1+\beta）I_{BQ}\times R_6+I_{BQ}\times R_1+V_{BEQ}+\beta I_{BQ}\times R_2=3$

$I_{BQ}=（3-V_{BEQ}）/（（1+\beta）\times R_6+R_1+\beta\times R_2）$

我们通过测量三极管的放大倍数可以知道 β 的数值，通常收音机中VT1三极管的放大倍数在40～100，假设取 β=40，则上述算式可写为：

I_{BQ}=（3-0.7）/（41×100+200×10^3+40×1.8×10^3）=2.3/276100A=8.33×10^{-6}A

I_{CQ}=βI_{BQ}=40×8.33×10^{-6}A=0.00033 A=0.33mA

即当β=40时，计算得出A点的理论直流电流值为0.33mA。

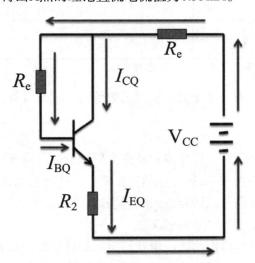

图4-19　输入电路和变频电路的直流通路

用同样的方法可以计算出B、C、D三个断点的理论直流电流值。

第二节　技能训练——六管超外差式调幅收音机的组装与调试

一、实验目的

（1）掌握收音机的装配工艺、调试方法和故障检测方法。

（2）掌握静态工作点理论直流电流值的计算方法。

二、工具与器材

（1）工具：电烙铁1只、斜口钳1个、镊子1个、万用表1个。

（2）器材：实训套件中各类电子元器件1套。

三、实训步骤

（1）按照元器件清单中各元器件的型号和参数值对电子元器件进行质量检测，对不合格的元器件进行更换。

（2）按照电子产品安装工艺要求将所有元器件安装到电路板相应位置，并完成焊接。

（3）按照电子产品调试方法对收音机进行调试，测量收音机六个三极管工作电压值和四个静态工作点电流值并记录数据。

	VT1	VT2	VT3	VT4	VT5	VT6	量程说明
U_e							
U_b							
U_c							

E1=　　　V、I_A=　　mA、I_B=　　mA、I_C=　　mA、I_D=　　mA

注：I_A、I_B、I_C、I_D为静态工作电流，E1为电池电压。

（4）对收音机B、C、D三个电流测试点的数值进行理论计算，并与实测值进行对比。

四、安全注意事项

（1）进入工作场地必须穿工作服或紧袖夹克服和长裤，热天可以穿短袖衫，但不能穿背心（无袖的都属于背心类）、短裤（包括五分裤、七分裤和九分裤）和裙子。

（2）不得穿拖鞋、凉鞋和高跟鞋进入实习场地。

（3）实习期间，长发学生必须束起头发。

（4）进入实习场地不得大声喧哗、嬉戏打闹、戴耳机听音乐和看与实习无关的书籍。

（5）切实执行实验室安全操作的有关规定，爱护仪器设备。

（6）上课时认真听指导教师的讲解和示范，并做好笔记。

（7）在教师没有讲明以前不得随意乱动设备上的按钮、手柄、电源开关等。

（8）电烙铁使用前请检查连接导线、插头是否完好，做好绝缘措施。如发现破损老化应及时更换。

（9）检查电烙铁是否完好、可用。

（10）保持手部干燥、操作桌面整洁。

（11）使用工具时，如出现受伤状况请立即报告指导教师，立即进行相应处理。

（12）学习结束后，请将工具摆放整齐，保持场地的卫生整洁。

第三节　技能训练——智能循迹小车的组装与调试

一、实验目的

（1）掌握智能循迹小车的装配工艺。

（2）掌握智能循迹小车的调试和故障检测方法。

二、工具与器材

（1）工具：电烙铁1只、斜口钳1个、镊子1个、万用表1个。

（2）器材：实训套件中各类电子元器件1套。

三、智能循迹小车工作原理简介

智能循迹小车（以下简称"循迹小车"）涉及机械结构、电子基础、传感器原理、自动控制原理等诸多学科知识，循迹小车能沿着约15mm宽的黑色跑道自动行驶。其电路原理图如图4-20所示。

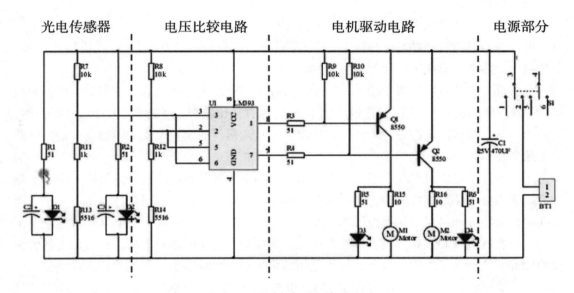

图4-20　循迹小车的电路原理图

循迹小车电路主要由光电传感器、电压比较电路、电机驱动电路三部分组成。发光二极管作为循迹小车的光源，光线通过地面反射到光敏电阻上，光敏电阻检测到阻值的变化后转换成电信号传送给控制电路，控制电路发出指令使对应的电机转动，进而控制循迹小车前进和转弯。

LM393（双电压比较器集成电路）随时比较着两路光敏电阻的大小，当出现不平衡时（如一侧压黑色跑道），立即控制一侧电机停转，另一侧电机加速旋转，从而使循迹小车修正方向，恢复到正确的方向上，整个过程是一个闭环控制，因此循迹小车能够通过光敏电阻对黑色和白色轨道反射光线强弱的识别实现自动控制。

四、实训步骤

（1）按照元器件清单中各元器件的型号和参数值对元器件进行质量检测，对不合格的元器件进行更换。

（2）按照电子产品安装工艺要求将所有元器件安装到电路板相应位置。电路焊接部分比较简单，焊接顺序按照元器件高度从低到高的原则。

首先焊接8个电阻，焊接时务必用万用表确认阻值是否正确。

焊接有极性的元器件如三极管、绿色指示灯、电解电容务必分清楚极性。焊接电容时注意引脚短的是负极，插入电路板印上阴影的一侧。焊接LED时注意引脚长的是正极，并且焊接时间不能太长否则容易焊坏。

发光二极管和光敏电阻可以暂时不焊，集成电路芯片可以不插。初步焊接完成后务必仔细核对，防止粗心大意。

（3）机械组装。

将万向轮螺丝穿入电路板孔中，并旋入万向轮螺母和万向轮。

电池盒通过双面胶贴在电路板上，引线穿过预留孔焊接到电路板上，红线接3V正电源，黄线接地，多余的引线可以用于电机连线。

机械部分组装可以先组装轮子，轮子由三片黑色亚克力轮片组成，装配前应将保护膜揭去，最内侧的轮片中心孔是长圆孔，中间的轮片直径比较小，外侧的轮片中心孔是圆的，用两个螺丝、螺母固定好三片轮片，并用黑色的自攻螺丝固定在电机的转轴上，最后将硅胶轮胎套在车轮上。

用引线连接好电机引线，最后将车轮组件用不干胶粘贴在电路板指定位置，注意车轮和电路板边缘保持足够的间隙，将电机引线焊接到电路板上，注意引线适当留长一些，便于在电机旋转方向错误后调换引线的顺序。

（4）光敏电阻和发光二极管（注意极性）是反向安装在电路板上的，和地面之间的距离约5mm左右，光敏电阻和发光二极管之间的距离也在5mm左右。最后可以通电测试。

（5）整车调试。在电池盒内装入2节AA电池，开关拨在"ON"位置上，循迹小车正确的行驶方向是沿万向轮方向行驶，如果按住左边的光敏电阻，循迹小车的右侧车轮应该转动，按住右边的光敏电阻，循迹小车的左侧车轮应该转动。如果循迹小车后退行驶，那么可以同时交换两个电机的接线。如果一侧正常另一侧后退，则只要交换后退一侧电机接线即可。

组装调试好的循迹小车如图4-21所示。

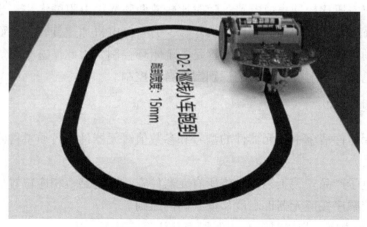

图4-21　循迹小车实物图

五、安全注意事项

（1）进入工作场地必须穿工作服或紧袖夹克服和长裤，热天可以穿短袖衫，但不能穿背心（无袖的都属于背心类）、短裤（包括五分裤、七分裤和九分裤）和裙子。

（2）不得穿拖鞋、凉鞋和高跟鞋进入实习场地。

（3）实习期间，长发学生必须束起头发。

（4）进入实习场地不得大声喧哗、嬉戏打闹、戴耳机听音乐和看与实习无关的书籍。

（5）切实执行实验室安全操作的有关规定，爱护仪器设备。

（6）上课时认真听指导教师的讲解和示范，并做好笔记。

（7）在教师没有讲明以前不得随意乱动设备上的按钮、手柄、电源开关等。

（8）电烙铁使用前请检查连接导线、插头是否完好，做好绝缘措施。如发现破损老化应及时更换。

（9）检查电烙铁是否完好、可用。

（10）保持手部干燥、操作桌面整洁。

（11）使用工具时，如出现受伤状况请立即报告指导教师，立即进行相应处理。

（12）学习结束后，请将工具摆放整齐，保持场地的卫生整洁。

思 考 题

1. 中波收音机的频率范围为_____，本机振荡频率范围为_____，中波段的频率主要范围为_____。

2. 指出收音机中下列元器件的名称及作用。

（1）T2的名称及作用：_____

（2）T3的名称及作用：_____

（3）T4的名称及作用：_____

（4）T5的名称及作用：_____

3．请绘制收音机的工作原理框图。

4．简述收音机的基本工作原理。

5．简述收音机组装的步骤。

参考文献

[1] 李晓虹，田子欣.现代电子工艺[M].西安：西安电子科技大学出版社，2022.

[2] （美）Robert L. Boylestad，（美）Louis Nashelsky.Electronic Devices and Circuit Theory Eleventh Edition[M].北京：电子工业出版社，2023.

[3] 王卫平.电子工艺基础[M].北京：电子工业出版社，2021.

[4] 菲利普·E.艾伦，道格拉斯·R.霍尔伯格.CMOS 模拟集成电路设计（第三版）（英文版）[M].北京：电子工业出版社，2021.

[5] （美）赛尔吉欧·佛朗哥.基于运算放大器和模拟集成电路的电路设计（第 4 版影印版国外名校最新教材精选）（英文版）[M].西安：西安交通大学出版社，2020.

[6] 张红琴，王云松.电子工艺实训[M].北京：机械工业出版社，2019.

[7] 周春阳.电子工艺实习[M].北京：北京大学出版社，2019.

[8] 王雅芳.电子产品工艺与装配技能实训[M].北京：机械工业出版社，2018.

[9] 李晓虹.现代电子工艺[M].西安：西安电子科技大学出版社，2018.

[10] 孙蓓，白蕾.电子工艺实训基础[M].北京：机械工业出版社，2017.

[11] 曹海平，顾菊平.电子实习指导教程[M].北京：电子工业出版社，2016.

[12] 郭云玲，颜芳.电子工艺实习教程[M].北京：机械工业出版社，2015.

[13] 舒英利，温长泽.电子工艺与电子产品制作[M].北京：水利水电出版社，2015.

[14] 徐长英，杨作文.电工电子实践基础教程[M].西安：西安电子科技大学出版社，2013.

[15] 张春梅.电工工艺实训教程[M].西安：西安交通大学出版社，2013.

[16] 吴新开.电子技术实习教程[M].长沙：中南大学出版社，2013.

[17] 郭文文，李玮.电子工艺与电子技能[M].郑州：黄河水利出版社，2011.

[18] 王建花，茆姝.电子工艺实习[M].北京：清华大学出版社，2010.

[19] 梁湖辉，郑秀华.电子工艺实训教程[M].北京：中国电力出版社，2009.

反侵权盗版声明

电子工业出版社依法对本作品享有专有出版权。任何未经权利人书面许可，复制、销售或通过信息网络传播本作品的行为；歪曲、篡改、剽窃本作品的行为，均违反《中华人民共和国著作权法》，其行为人应承担相应的民事责任和行政责任，构成犯罪的，将被依法追究刑事责任。

为了维护市场秩序，保护权利人的合法权益，我社将依法查处和打击侵权盗版的单位和个人。欢迎社会各界人士积极举报侵权盗版行为，本社将奖励举报有功人员，并保证举报人的信息不被泄露。

举报电话：（010）88254396；（010）88258888

传　　真：（010）88254397

E-mail:　　dbqq@phei.com.cn

通信地址：北京市万寿路南口金家村288号华信大厦

　　　　　电子工业出版社总编办公室

邮　　编：100036